你不必向这个世界证明什么

吕峥 著

台海出版社

图书在版编目（CIP）数据

你不必向这个世界证明什么 / 吕峥著 . -- 北京：台海出版社，2017.5

ISBN 978-7-5168-1426-0

Ⅰ . ①你… Ⅱ . ①吕… Ⅲ . ①成功心理—通俗读物 Ⅳ . ① B848.4-49

中国版本图书馆 CIP 数据核字（2017）第 090972 号

你不必向这个世界证明什么

著　　者 | 吕　峥

责任编辑 | 刘　峰　　策划编辑 | 郭秀彦

装帧设计 | 主语设计　　责任印制 | 蔡　旭

出版发行 | 台海出版社

地　　址 | 北京市东城区景山东街20号　邮政编码：100009

电　　话 | 010 — 64041652（发行，邮购）

传　　真 | 010 — 84045799（总编室）

网　　址 | www.taimeng.org.cn/thcbs/default.htm

E — mail | thcbs@126.com

印　　刷 | 北京嘉业印刷厂

开　　本 | 880 毫米 × 1230 毫米　1/32

字　　数 | 160 千字

印　　张 | 8.5

版　　次 | 2017 年 7 月第 1 版

印　　次 | 2017 年 7 月第 1 次印刷

书　　号 | ISBN 978-7-5168-1426-0

定　　价 | 39.80元

卓越的人都是能够超越眼前利益的人，
因为大多数人只能看见一米远的距离。

王阳明故居余姚

一个不为人知的“登山家”

在亲吻了珠峰的冰雪后平静地从北麓下山。

珠穆朗玛峰

暗透了，更能看见星光

曼哈顿夜景 Photo by 吕峥

即使你顽强地同这晦暗的世界对抗，把每一丝努力都化作对命运的谴责，

时间也会磨平一切，答案在风中飘荡。

佩特拉古城 Photo by 吕峥

所有的生活方式都无对错可言，
只要这是生命个体自己的选择。

台湾十分老街 Photo by 吕峥

人之为人，在这座亘古悠远的黑暗森林中

如果还有什么值得追求的囊萤之光，那便是“意义”。

华盛顿纪念碑 Photo by 吕峥

毛姆说过，在这个冷漠的世界上，无法躲避的邪恶始终包围着我们，从摇篮直到坟墓。

对此，善虽然算不上是什么挑战或者回应，但却是我们自身独立的一种证明。

它是幽默感对命运悲剧性和荒诞性所作出的反驳。

序 言

人生永远追着幻光

三十岁的我，一度陷入对人性的怀疑之中。

好多人一过而立之年，灵魂就一点一点被蛀空，变得恐惧和驯服起来。历史上有很多活得纵横捭阖、汪洋恣睢的先贤，他们有的年纪轻轻便创造了灿烂的成果，写下了辉煌的篇章。而被消费主义异化的我们却在随波逐流中，浪费掉了宝贵的生命。

很多人通过一本关于王阳明的书认识我，向我求解。虽然这些年我受邀在北京、广州、台北、洛阳、开封、抚州、余姚等地的高校与企业讲授心学，但论人生经验，我并不比我的听众和读者更丰富。

阳明心学很简单，就是凭着良知去视、听、言、动，不必再安插什么玄妙的理论。它的基础是“诚意”，就是真诚地对待自己的良知，不要自我欺骗。

看上去无甚高论，王阳明却说是“百死千回中得来”的。大家都知道“龙场悟道”的故事，用“信仰崩溃，只欠一死”来形容当时的王阳明，并不夸张。

我们在书和电影里看别人的故事觉得很励志，但生活中，痛苦并不会成就一个人。痛苦就是痛苦，大部分时候毫无意义，甚至会摧毁一个人。你阳光明媚充满热情，为世界和平、民主自由、男女平等在网上大声疾呼，只因为你没有被生活怼过。有的人被命运教育过一次，就要靠嗑药来寻找生活的意义了。

现实世界不是文艺作品，很少有人能从打击中完好无损地站起来。他们要么用恶和狡猾来对抗世界，要么选择“乡愿”，要么干脆沉默。真正能从痛苦中涅槃成圣的，屈指可数。破碎的灵魂就算全部拼回来，也不完整了，得不到救赎，宛如余华笔下的《活着》，就是活着。

曹雪芹看透了痛楚才是人生的真相，所以写下“悲凉之雾，遍被华林”的《红楼梦》，字里行间都是幻灭，绝不教你热爱生活，只是告诉世人，那些权力、财富和爱情全是空的，恍恍惚惚，如梦似幻，一触即破。

世间万物，好便是了。机关算尽太聪明，反误了卿卿性命。然而放下和看穿谈何容易？机关算尽才是人生常态。明知是空，依旧妄执，一定要撞得粉身碎骨才肯散场。所以有情皆孽，每个人的一生都被欲望牵着走，在苦海里翻滚挣扎。

人被构造出来是为了给基因服务的，而不是相反。哪怕清楚地知道体重直线上升存在高血压、糖尿病和心脏病的风险，还是无法抗拒甜食的诱惑，这是基因主人布下的陷阱，让你拼命储存能量繁衍后代，确保它自己可以复制和延续下去。

大自然有很多这样的例子，完成了交配使命的动物自动死去，给后代腾挪空间与资源。只有人类创造了科学、艺术和爱情，填补了造人之余的漫漫人生。但弗洛伊德认为，人的一切心理和行为的动力都是力比多，即性欲，而这也是爱情的本质和创造力的源泉。

所以，明星前赴后继地出轨——这个时代看上去礼崩乐坏，兵荒马乱，其实不是人性沦丧了。人性自古如此，人是基因的奴隶。全部形而上学的胡扯，都抵不过一句“身体很诚实”。

从这个角度看，人类追求永生不死是徒劳的。因为人的观念同人的身体一样，并没有永存的价值，扬弃是必要的，也是人类作为一个物种适应环境变化的必由之路。

但这种扬弃和个体的生存欲望之间又存在着矛盾，于是只好交给“死亡”来强制解决，抛弃无用的记忆，传承精华的知识。毕竟，陈旧的意识会阻碍人类发展进步。

这么说好像很残酷，但正如马克 · 吐温所言:“让我们陷入困境的，不是无知，而是真相不是我们以为的那样。”

人往往把自己看得很大，可想一想三百万年的人类历史，多少爱恨情仇，生离死别，对这个世界而言又有什么意义？一切都化作黄土，随风而散；再想一想脚下的大地，埋葬了多少嬉戏的恐龙，深思的古人，我们又何曾感受到他们的存在？

人类算什么？太阳系算什么？一切又都算什么？最后不过是一颗颗游离的粒子，什么也没有。这个世界多你不多，少我不少。亲戚或余悲，他人亦已歌。

意识到这一点，你就和悟道前躺在石棺里的王阳明想到一块去了——真正的希望，往往是从最绝望的地方找到的。即使人间阴暗污浊，千疮百孔，即使黑暗广阔无边，可这世上依旧有纯真的笑泪和动人的感情，那是一切教条和权威都污染不了遮蔽不住的芬芳，是鲜活生动的人性之光。

人的一生都在同生命的虚无对抗，同逐渐逼近、亮出獠牙、逃无可逃的死亡对抗。那些你所珍视的东西，无可避免地一一走向终结，可它们毕竟实打实地存在过。如果说生命毫无意义，那它们的存在就是意义。

浮生若梦，为欢几何?

明末有个叫张岱的纨绔子弟，喜欢鲜衣怒马，梨园歌舞；喜欢眼波流转的丫鬟，紫檀架上的古物。

喜欢所有的热闹与红火。

崇祯五年，他住在西湖边上。大雪三日，人鸟俱绝，张岱乘舟来到湖心亭，发现两人铺毡对坐，一童子在旁煮酒。看见张岱，亭中人大喜道:“湖中焉得更有此人？”意即没想到这一片白茫茫的天地间竟会有访客。

张岱被拉入席中喝酒，强饮三大白而别。回到岸上，船夫喃喃道:“本以为您痴，没想到还有跟您一样痴的。”

多年后，满清入关，神州易主，张岱写下记叙此事的《湖心亭看雪》。不到二百字的短文看上去没头没脑，波澜不惊，但了解到明亡之后的张岱目睹山河破碎，故交零落，自己避居山野，穷困潦倒，再回想起当年这恬淡平静的一幕，一种淡淡的哀愁便不自禁地弥漫开来。就像他的诗中所写的那样：繁华靡丽，过眼皆空。五十年来，总成一梦。

明知是梦，还是要追，只为了那雪泥鸿爪，吉光片羽。就像让沈三白再活一次，他也不会选择另一种人生，而宁愿继续同缱绻情深的妻子芸娘过粗茶淡饭却志趣不凡、琴瑟和鸣的生活，虽然这条路的尽头是颠沛流离，天人永隔。

这让我想起了动画大师今敏的《千年女优》。

主人公藤原千代子小时候遇见一个负伤逃难的画家。对方匆忙之中撞倒了她，千代子毫无防备地跌落在雪地上，也跌入了让她沉溺一生的爱情。

画家的帽檐压得很低，千代子甚至没有看清他的脸，只听见他温柔的低语，感到他手掌的温热，就从懵懂的少女一瞬间觉醒为一个女人。

千代子对他一无所知。他是如此神秘，却又如此美好，独一无二，坚不可摧。在那个战乱的年代，在那间躲避追兵的仓库里，千代子同他勾了勾手指，定下誓言："我一定要和你重逢！"

画家逃跑了，不知所踪。千代子从此变了一个人，不再懦弱地蜷缩于当时社会禁锢女性思想的樊笼之中。她勇敢地踏上了追爱的旅程，只因画家说会去满洲，她便跟着剧组来到中国。作为演员，她扮演过公主、忍者、妓女和科学家。在所有的作品里，她永远是那个不顾一切，追逐爱情的女人。

追逐的过程中，她也会迷茫、恐惧和退缩。这时，她总会看见一个手抚命运纺车的老人，诅咒她道："你会永世遭到爱恋之火的焚烧。

我对你恨之入骨，又爱之入髓。”

命运之轮碾过她的身体，编织着不可预知也无法改变的命运。千代子不停地追寻，不停地落空，最后已经和爱情无关了。她心里清楚，画家或许早在几十年前就被捕遇害了，甚至根本没有实实在在地存在过，只是一个不可触碰的幻影。

其实，每个人的一生都是如此。谁也不知道自己为何出生，但从你呱呱坠地的那一刻起，就踏上了追逐幻光的道路。那个命运纺车旁的老婆婆，就是生命终点的千代子。她不断地出现，暗示了千代子矛盾的心情。

她爱着自己一直追寻的幻象，即使所爱已成泡影也在所不惜。然而，她又为此消耗了太多的年华，代价高昂到要爱恨交加地扪心自问：这一切到底值得吗？

所有的理想主义者或多或少都问过自己同样的问题。临终的千代子给出了她的答案：即使毫无意义，还是要追。因为她真正爱的，其实是那个奔跑着的自己。

真实绚丽，无所畏惧。

这个世界上有无数种价值观，其实归根结底只有两种：王道和霸道。或者说，人性和兽性。

《一代宗师》里，叶问说：“我见过了高山，才发现最难过的原来是生活。”绝世高手，也逃不过一日三餐；理想再远，还得老老实实吃饭。于是，在庸常的现实日复一日的打磨下，大部分人都成了基因的载具，欲望的奴婢。

事实上，我们都是兽性的产物。远古时期，智人将尼安德特人屠戮殆尽。为了生存，人类内部也自相残杀，活下来的都是人性最少的那一拨。故《三体》有言：失去人性，失去很多；失去兽性，失去一切。

我也一直在两种价值观之间摇摆，直到去了中东，看见凯撒利亚的遗址被地中海上吹来的风腐蚀，佩特拉古城与红褐色的岩石峡谷融为一体，而耶路撒冷哭墙前的犹太人依然吟诵着千年未变的教义，虔诚到五体投地热泪盈眶。于是，在经历了九百九十九次黑暗之后，第一千次我选择相信光明。因为毛姆说过，在这个冷漠的世界上，无法躲避的邪恶始终包围着我们，从摇篮直到坟墓。对此，善虽然算不上是什么挑战或者回应，但却是我们自身独立的一种证明。它是幽默感对命运悲剧性和荒诞性所作出的反驳。

仅以这本随笔集，与诸君共勉，给自己三十年的人生做个小结。

目录

Contents

第一章 见自己

Chapter 1

第二章 Chapter 2

见天地

第三章 Chapter 3

见众生

见

第一章　见自己

>> *ego*

> 阅读不只是为了观赏风景，更是为了直面自己。人们每天置身于现实之中，却很难触摸到它的本质。

每个人的归宿，都是他的内心

>>

人生不是证明题，你想为之做出证明的女孩，等你成功时早已嫁作人妇；你想为之做出证明的对手，等你成功时早已相忘江湖或相逢一笑。唯一可以把握的，便是信此良知，毫不动摇地去做。

王阳明的哲学，归纳起来无非两条。一是呼唤人性解放，提倡人格的独立与自主；二是去私欲，发扬良知。一言以蔽之：如何实现自由与欲望的平衡？

我们每个人，终其一生都生活在“求不得”的痛苦之中。欲望激发了向上攀爬的动力，却也限制和折磨着我们，让我们被房子拴住脚步，被网红抓住眼球。

龙场悟道，王阳明悟出“心即是理”，点明了一个被大家忽略已久的事实：大部分人都活在由思维意识构筑的“假我”之中。

每个人都是自己的陌生人。对着镜子看久了，有时都会升腾起难以名状的陌生感。你认为的你和别人眼中的你很多时候并不重合，甚至相差万里。根本原因，在于你认同大脑的思维，活在意识的框架里，有人我之分、好坏之别，而不是站在无善无恶的心体的层面来看问题。

俗话说，人生除了肉体的苦痛之外，一切痛苦都是想象出来的。换句话说，人类受苦的根源在于我们无法控制自己的思维，反倒成为思维的奴隶。

同一件事，几家欢乐几家愁，原因就在于不同的人对事情的诠释不一样。是我们的大脑，而不是外部世界引发了我们的痛苦。大脑思考着我们的过去，担忧着我们的未来。你以为大脑里运转着的思维和储存着的记忆代表了“你”，其实你远比你的大脑更伟大。

“克隆的我不是我”，这个比较好理解，即使克隆人的细胞与我百分之百相同。

那记忆和思维呢？

人的大脑，左右半脑可独立运行。有的人在事故中大脑被削去一半，却依然保存了完整的记忆和正常的思维。

假设你有个双胞胎弟弟叫小新。小新得了脑癌，你决定捐出半个大脑救他一命。于是医生打开你们的头颅，把小新的大脑切除，再把你一半的大脑移植给他。你醒来后觉得和原来没什么两样，而小新醒来后则获得了与你一模一样的人格与记忆。

2.0 版的小新知道了你所有的秘密，你慌了神，决定让他发誓守口如瓶。但转念一想，又意识到这么做完全没有必要。因为他已经不是小新，而是你，只会站在你的立场上看待问题。你的隐私就是他的隐私，他同样在意。

你看着那个曾经叫“小新”的人，看着他因为在小新的身体里而惊慌。你感到困惑：为什么我留在了我自己体内而不是去到小新的体内？那个在小新体内的“我”到底是谁？

《黑镜：圣诞特别篇》说未来有一项黑科技叫“意识提取”，可以把人的意识像 U 盘一样从大脑中复制出来，储存在一个芯片上，作为人工智能替本尊服务。

看上去节能环保很美妙，但细思恐极。如果你不幸是那段被提取的意识，那么你将存在于一个无色无味无形的虚拟空间之中，只保留思维活动，以便操控智能家具。而这种残酷的囚禁，刑期是永恒。

思维不能代表“你”，不停地思维活动使人无法达到内心的平静。而且它创造了一连串的概念、标签、定义和好恶，阻挡在你和自己之间、你和他人之间、你和万物之间。如果能打破这种阻碍，人就能实现与真我的合一，与世界的合一，实现王阳明所说的“万物一体”的圆满境界。

思维是排他的，擅长攻击、防范其他思维以及收集、分析信息。但这些活动都不具有创造性。

每年各大高校的戏剧影视文学专业都会培养大量的编剧人才，但真正能写好戏的为什么少之又少？因为优秀的艺术家都是在没有任何私心杂念的“禅定”状态下进行创作的。绝大部分人不具有创造性不是因为不懂得如何使用思维，而是不懂得如何停止思维。

人们在大脑的折磨下度过一生，任由它攻击、惩罚，耗尽生命的能量，到头来还自以为对“思考”这件事掌握着控制权，殊不知大脑里的声音早就有了它自己的生命，潜移默化地操纵着你。一个最简单的例子就是失眠时你已经困得不行，大脑却还在重复播放电视广告里的插曲。

精神病的一个显著特征就是喋喋不休、喃喃自语，其实所有人都一样，只是正常人没有把脑海中的抱怨、推测和批判像疯子一样说出来而已。

强迫性思维是一种上瘾症，就像人百无聊赖时会条件反射般拿起手机刷微信。之所以如此，皆因人要靠思维来确证自我，只可惜这个“自我”是一种假我，需要不断地思考才能存活。人逐渐长大，也一步步在成长环境的制约下勾勒出脑海中那个虚假的自我形象。

假我最大的特点就是只关注过去和未来。没有过去，假我怎么证明你是谁？不把自己投射到未来，假我又怎么确保它继续存在下去？对假我而言，现在的你只是工具，只是未来某个目标的手段。为了在将来获得某种虚幻的慰藉和满足，它不惜牺牲现在的你，使你完全活在对过去的回忆和对未来的期待之中，任由时间在指尖流逝。

假我需要不断地被维护和喂养，去外界寻找身份认同，比如种族、财产、工作、社会地位和人际关系。问题是这些都不能构成真正的你，因为它不稳定，一直在变。当死亡来临时，人才会明白那些不能真正代表他的东西都会被带走，都与“我到底是谁”这一终极命题无关。如果这时还沉浸在假我之中，不愿撒手，就将体验到世间最大的痛苦。

外物不常在，不能给人持久的快乐，反而会影响你追寻完整的自我。意识到这一点的人开始过一种“断舍离”的生活，把不必要的东西都送出去。比如车是代步工具，但当你发现停车之困难、堵车之煎熬已经远远超过它所带来的便利时，就应该将之卖掉，转而打车。共享经济在未来之所以会成为常态，皆因人的欲望已使地球不堪重负。

广告是消费主义的基石，其本质在于诱导人们购买他们并不需要的东西。为了让人掏腰包，它必须制造认同，强化人的假我。比如暗示你钻石代表永恒的爱情；用了霸王洗发水就能像成龙一样出类拔萃。

互联网的产品经理干的是同样的事，想尽办法满足人的虚荣，以至于从前可以一起喝酒的朋友到了社交软件上都成了点赞之交。这是一个孤芳自赏的自拍杆时代，假我空前膨胀，每个人都在无休止地关注自己、修图、说话，却无人静下心来聆听。久而久之，冷漠和孤独便成了普遍的存在。

但是人就有爱与被爱的需求，那些不爱身边之人的人，爱心如何安放？这就要提到时下炙手可热的“小鲜肉”了。他们的微博动辄几千万的转发，一举一动都牵动着粉丝的心。跟刘德华的粉丝为了见偶像不惜去死所不同的是，鹿晗和 TFBOYS 的粉丝传递着满满的正能量，为了偶像自觉排队、好好学习、热爱生活，与他一起成长。客观上是好事，但依旧在假我中打转，依旧在角色扮演，同官员在下级面前、商人在酒桌之上的扮演没有高下之分。一旦某天偶像人设崩塌，后果难以逆料。

商业社会的各种造神运动，本质上和希特勒利用高涨的民族主义情绪给德国人描绘一个虚妄的乌托邦没什么不同，只不过后者的危害更大而已。

人的痛苦，源于妄念和匮乏。妄念者，挥之不去却必须依靠他人才能实现的愿望。与匮乏一样，妄念是假我制造出来的一种“永远想要更多”的欲求，令人不能自拔。

这种负面的心态是地球上所有形式的污染的源头，包括雾霾。

自然界没有不开心的花和有压力的树，也没有抑郁的海豚与充满仇恨的鸟。人类踪迹到达不了的地方，花开花落，云卷云舒，何等平静安逸。即使偶尔两只鸭子起了争斗，往往也只会持续很短的时间便迅速分开，朝相反的方向游去，并用力扇动翅膀，释放打斗时积蓄的多余能量，然后就像什么也没发生过一样，悠闲地在水上游泳。

如果是两个人打架，那思维就活跃了，各种怨恨、算计以及无法释怀的记忆使假我进一步得到巩固。

波伏娃有句名言：女人不是天生的，而是被塑造出来的。人生也是如此，从无中来，向无中去，若一定要打上各种标签，活在各种概念里，与天地隔绝，那必将痛苦不堪，死不瞑目。很多参透生死的人，会在死亡来临前死亡，即放下各种杂念，跳出假我，喜乐地活在今时今日，最后坦然地撒手人寰。

其实只要经历过生死关头的人，都明白千钧一发之际思维会停止，更高一级、更为有力的东西将接管你本能的判断，那就是王阳明所说的“良知”。

良知感应神速，无需等待。本心之明即知，不欺本心之明即行。也就是说，我们面对任何事时都能快如闪电地得出正确答案，而得到答案的同时如果毫不犹豫、马上执行，便是知行合一。

做不到“知行合一”只有一个原因，那就是私欲作祟，蒙蔽良知，长期活在假我之中，丧失了基本的是非判断。用王阳明话说就是“良知昏迷，众欲乱行；良知精明，众欲消化”。

而做得到的话，就能成为王阳明口中的“真君子”。真君子把天地万物看作一个整体，这并非有意为之，而是良知使然。当我们看见一个小孩将要掉进井里时，会油然而生害怕与同情之心，这就说明我们的良知与童子是一体的。当每个人都把别人的冷暖悲喜当作自己的冷暖悲喜，就会产生一种使命感，即我要爱天地万物，因为他们是我的一部分，正如我爱我的四肢一样。而每个人也注定将会如此，因为每个人都有良知，只要明觉它，便能够“万物一体”。

当然你会问，万物一体除了实现人与人、人与自然的和谐之外，对个体有什么意义？

意义很大。

一个万物一体的世界，是一个人人平等的世界。由于每个人心中都有良知，良知能知是非善恶。知是非是智慧，知善恶是道德，所以能致良知的人就是圣人。王阳明坚信“人人皆可为尧舜”，就是因为他相信体认不到与生俱来的良知的人，也只是暂时像乌云遮蔽的太阳，总有拨云见日的一天。

而正因为天理在我心中，不需外求，那么外在的说教无论多么权威，只要同我心中的真理不符，就是错的。所以，不管学问还是人生的道理，都要“自得于心”。只有“自得于心”的道理才是最适合你的，对你而言也最有用。

同时，既然我有能知是非善恶的良知，既然我有成为圣人的可能，那我就是自信的、独尊的，故而人人也是平等的，任何人都没有资格充当别人的上帝，也没有资格控制别人。这个世界上只有一个人有权支配你，那就是你自己；只有一个人能主导你的人生，那就是你自己。

当然，做一个独立自主的人，是要建立在良知的基础之上，而不是胡作非为。另一方面，当你的良知认为你受到了不公的待遇时，要勇于抗争，就像孔子所说的那样：志士仁人，向来杀身以成仁，从来不求生以害仁。

如果遭遇不公却忍气吞声，那就是伤天害理。因为“心即理”，你伤害了天理，亵渎了良知辨别是非的天职，没有按它的指引做事，当了缩头乌龟，让它蒙上了一层阴影，久而久之便会堕落为孔子最憎恨的“乡愿”。而你的不反抗也使你的心灵备受煎熬，实际上这是良知给你的惩罚。这种代价有时是高昂的，甚至要用一生去忏悔，远比你听从良知的命令去做选择要惨痛得多。

从这个角度看，一个人人都独立自主、勇于反抗、知行合一的国家，是充满了正义与朝气的，这也是明治维新取得巨大成功的根本原因。

你不必向这个世界证明什么，不必相信“今天你对我爱答不理，明天我让你高攀不起”的暗黑鸡汤。人生不是证明题，你想为之做出证明的女孩，等你成功时早已嫁作人妇；你想为之做出证明的对手，等你成功时早已相忘江湖或相逢一笑。唯一可以把握的，便是信此良知，毫不动摇地去做。

成功，就是
按自己的意思过一生

>>

年轻时，我们都是今何在笔下的悟空。要这天，再遮不住我眼。要这地，再埋不了我心；要这众生，都明白我意。要那诸佛，都烟消云散。

2010 年夏天我在西藏。

采访任务并不轻松。

从沐浴在朝阳里的扎什伦布寺到抗击廓尔喀人入侵的日屋古长城，从见证昔日王朝盛景的萨迦再到手可摘星辰的珠峰大本营，越野车奔驰在蓝天白云下，疲惫不堪的我无心窗外腻味已极的风景，伴着耳机里吴虹飞的呢喃，昏昏欲睡。

陈塘古镇坐落于海拔 2000 米的山巅，四季常青。我和小陈在镇长家安顿下来后，前往中尼边境的嘎玛沟采访夏尔巴人。

斯特劳斯在《忧郁的热带》里开篇便讽刺那些把探险当成一门生

意的人类学者。身穿冲锋衣，戴着墨镜拄着拐杖的我倒像极了19世纪的探险家——除了走不上几步就得停下来喘气。

小陈陪我坐了下来。

大我两岁的他从西藏大学唐卡专业毕业后分配到定结县委宣传部，一干就是三年。

拉萨虽小，却也是时尚的旅游之都，我很难想象他初到定结时的心情。

这个只有横竖两条街的县城一到下午四点便狂风肆虐、沙尘蔽日，除了宅在室内，你别无选择。

定结在藏语里意为“水中长出”，可事实却是常年缺水。

且由于靠水力发电，定结经常停电。如果没能及时给手机充电，停电时你唯一的选择就是自带插线板去县上唯一的一家网吧开台电脑。

因为只有这里会祭出发电机，照常营业。

宣传部一共四个人，部长、副部长、办公室主任、小陈。即使算上分管的电视台的工作，小陈依然很清闲。

我问他，停电时你做什么？他说，画唐卡。

所有的艺术都要求打破框架，唯独唐卡，有着比工笔画还严格的框架。

小陈说自己有时一画就是一整天，物我两忘。我表示无法理解——既不拿来卖钱，又不能给自己的仕途添砖加瓦，有何意义？

小陈笑了笑，漫不经心道：“画的意义就是画本身啊。”

我若有所思，脑子里蹦出一部日本电影的名字——《入殓师》。

在日本，似乎再简单的事都能做到一种境界。喝茶有茶道，插花有花道，习剑有剑道——任何事做到极致都是共通的，万法归宗。

所以庄子笔下的大师都是做车轮的、粘知了的。一个给牛剥皮的庖丁，也能看出“合于桑林之舞”的意境。

禅宗认为，吃饭的时候便认真吃饭，百姓日用即道。而所谓悟道，就是通过做减法去除蒙蔽在真相上面的东西，看清事物本来的样子。

具体方法，有对镜起修，有明心见性。

当然，也有顿悟。

我是在参加诗人陈雪涛的追悼会时顿悟的。

年仅 37 岁的陈雪涛是用一条哈达上吊自杀的，原因大约为生活困顿，精神苦闷。

诗歌不能养活诗人，诗人却小心翼翼地养活着诗歌。

我望着陈雪涛的遗像，想象着他生前的音容笑貌，蓦地想起自己曾在玛吉阿米酒吧的留言簿上看到过他的字迹和签名。

夕阳里的大昭寺已显疲态，穷游至此的文艺青年席地而坐，游手好闲地摆弄着单反相机，眉来眼去。

绕八廓街逆时针走几百米，在拐角处看见一栋黄色小楼，便是玛吉阿米了。

沿木制扶梯上到二楼，适应了昏黄的光线和氤氲的藏香后坐下，点一壶奶茶，正准备大干一场，却被告知留言簿已经出了几十季，多到再也难觅陈雪涛的笔迹。

既乘兴而来，必得兴尽而去，方为魏晋风骨。

我随手拿起一本：

一个人需要隐藏
多少秘密
才能巧妙地
度过一生
这佛光闪闪的高原
三步两步便是天堂
却仍有那么多人
因心事过重
而走不动

不知谁把仓央嘉措的诗写在第一页，倒是不错的注解。

留言簿上写满了人世的悲欢离合以及许多连爹妈和另一半都不知道的小秘密，比如一个失恋的男生写道：XXX，我会为了你考上 XX 大学的！

我会心一笑：少年啊，不爱了就是不爱，哪怕你变成绝地武士；爱了就是爱了，虽千万人吾往矣。

原力与你同在。

还有多年以前写给未来时空里的自己的。当初的愿望实现了吗，事到如今只好祭奠吗？

还有那不羁的誓言，多年后再次翻检已物是人非，连写的人都觉得唏嘘，废然长叹地留下一句自嘲。

疯了、累了、痛了，笑了、叫了、走了。泥上偶然留指爪，鸿飞哪复计东西？

年轻时，我们都是今何在笔下的悟空。要这天，再遮不住我眼。要这地，再埋不了我心；要这众生，都明白我意。要那诸佛，都烟消云散。

然而，世界越来越坚固，你对现实基本无能为力。人来到这个世界上就是要被摧残的。

文艺青年拥有所有的观赏性，但只有战士能存活于残酷的世间。你脱掉青衫换上甲胄，扔掉笔管提起长矛。你挥别凯鲁亚特、金斯伯格，烧掉《麦田里的守望者》。你变成自己不喜欢的人只为让自己喜欢的人多看你两眼。

问题是，既然老天不会让人随随便便成功，又怎么可能允许你好整以暇地得到真爱？

人世间的故事翻来覆去也不过那些情节。别人身上的痛苦，大抵你我生命中都曾出现过。

即使你顽强地同这晦暗的世界对抗，把每一丝努力都化作对命运的谴责，时间也会磨平一切，答案在风中飘荡。

我们都是命运的棋子。丁仪对罗辑说，大自然真的是自然的吗？[①]

如果成熟就是用成功学这剂甜蜜的毒药让社会的大多数安静地腐烂，如果活着就是无下限的妥协，那我情愿被球状闪电劈死。

有种你就扔二向箔[②]啊！

离开拉萨时，耳边又回响起那首传唱了三百年的心结：

我用雅鲁藏布江
滔滔不绝地思念着她
我用圣山的祥云
默默地证悟佛法
如果从一个地方出发
能同时到达两个相反的地方
我将骑着我梦中那只忧伤的豹子
冬天去人间大爱里取暖

---

① 丁仪与罗辑是中国著名科幻小说家刘慈欣《三体》小说里的人物，刘慈欣在《三体》中提出了一种宇宙假想：我们的宇宙早已经被篡改得面目全非，我们所处的空间是三维，时间是一维的，我们的光速是300000km/s，而这并不是造物主的设定。原始的宇宙宏观维度在十维以上，光速是无限的，只是在超级文明的战争中成为了废墟，变成了目前我们观察到的这样。《三体》中的人物丁仪正是因为参透了这个秘密，才会对罗辑说“大自然真的是自然的吗？”

② 出自刘慈欣的著名科幻小说《三体Ⅲ：死神永生》。是宇宙在黑暗森林状态下，星际文明的一种毁灭性攻击武器。一个被力场包裹的“小纸片”。与三维空间接触的瞬间，使三维空间的一个维度蜷缩到微观，从而使三维空间及其中的所有物质跌落到二维，达到消灭敌方的目的。

夏天到佛法中乘凉

回到北京，我辞了工作。人生是一场孤独之旅，再亲近的人也只是生命里的过客，无法陪你走完全程。

我们终将独自面对生、老、病、死、怨憎会、爱别离、求不得，同命运扳一辈子的手腕。

十多年前，在从拉萨飞往北京的飞机上，柴静的身边坐了一个 50 多岁的女人。

她 30 年前去援藏，这是第一次离开拉萨，原因是治病。

飞机降落后下了很大的雨，柴静把她送到一个旅店。一星期后再去看她，被告知病已确诊，胃癌晚期。

她指了指床头的一个箱子，说如果我回不去，你帮我保存这个。

这是她 30 年里走遍西藏各地，同官员、汉人、喇嘛交谈的记录。她不知道这些东西能不能发表，只说一百年后如果有人看到，会知道今天的西藏发生了什么。

她是拉萨一中的教师。

生和死，苦难和苍老，都蕴含在每个人体内，总有一天我们会与之遭逢。

向宇宙中遥望得越远，就向自己的内心挖掘得越深；最终，这两条分开的探索之路合而为一，我们的心中便拥有了整个世界。

人生就是装装样子吗？

>>

人类大部分的痛苦都是因为期待的存在。其实人生中不存在任何必须的事情，只存在不必要的期待。没有任何期待和面子的人生是最美好与自由的，因为只有这样，人才能听到自己的心。

原始社会没有政府，你渴了摘果子，饿了打兔子，天生万物以养人，没人找你收税，种瓜得瓜种豆得豆。后来人群聚集，分工协作，不得不制定一套规则，选些人来维护。我们的祖先达成共识，让渡出他们的一点自然权利，比如允许这些管理者不去打猎，坐享其成，来实现整个族群的长治久安。

这是一张无形的契约，只有各方都自觉遵守，清楚群己权界，才可能良好运行。任何一方的无限扩张，都会使人类文明存在的意义彻底崩塌，不是无政府主义的打砸抢，就是愈演愈烈的贫富差距。

很多反托邦的科幻电影里楼房高耸入云，技术眼花缭乱，但权贵阶层对人的控制也达到了登峰造极的地步。新科技的发明，的确能够惠及社会民生，很多时候却也最先应用于统治和维稳。就像梁启超所说，我国万事不进步，独防民之术比先进国突出。

专制主义和消费主义其实是一枚硬币的两面，本质上都是在给人定价和归类。比如学成文武艺，你得货与帝王家，否则就说你不务正业；比如给你贴标签叫“黑五类”“90 后创业者”，区分“我们”和“他们”，塑造假想敌。

久而久之便出现了很多奇怪的文化现象。比如当我们说一个人的沟通交流能力好不好时往往是在评价他的撒谎能力强不强；我们说一个人成不成熟时往往是在看他多大程度上消灭了真实的自我。

表面看今天的焦虑和恐慌来自于互联网对传统产业的冲击。微信搞垮了纸媒，电商搞垮了实体，其实互联网企业的存活率更低，危机感更强。为什么不能面对现实，老老实实地承认就是经济不景气呢？一会这个模式，一会那个思维，大家演得都还挺开心的。什么叫估值十亿？什么叫独角兽公司？我给你十亿买你一只眼睛你卖不卖？你肯定不卖。所以再普通的人，估值也远不止十亿。再平凡的人，也不该成为创业者拿去忽悠投资人的流量，而是一段充满无限可能的生命历程。这不是矫情，不信你扪心自问，让你跟李嘉诚换你换不换？你绝对不换。因为他虽然有钱，但生命已经快到终点，人生几乎不再有想象。

消费主义通过控制人的欲望操纵人的思想，让人一生都活在求不得的痛苦之中。八零后小时候的女神是林青霞的东方不败、王祖贤的聂小倩、关之琳的十三姨、李若彤的小龙女和朱茵的紫霞仙子。而现在呢？清一色的锥子脸，流水线上的标准工艺。商业所能驱使人去购买的手段，似乎只剩下最原始的欲望。

电影院有多少少儿不宜的电影堂而皇之地上演，而真正有内涵、观照现实的影片，却难以上映。每年有那么多精神垃圾被批量制造，生产它的人还趾高气昂。郭敬明就说，我每天只睡五个小时，我不成功谁成功？你成功关我什么事？你就睡五个小时因为你想向这个世界证明些什么，攫取些什么，或者高大上一点，想改造这个世界。改造世界也没什么高大上的，希特勒也无比虔诚地想要改造世界，私德和艺术修养比许多政治家还好。

那些不想把人生做成一道又一道证明题，不想去攫取和改造这个世界的人就不能理直气壮地发出他们的声音吗？那些没有能力攫取和改造，只是但行好事不问前程的人，就不值得被关注吗？之前看到一条非常荒诞的新闻，请科恩兄弟来拍，多半比《冰血暴》《老无所依》还有意思。

某知名高校女生，家境尚可，从小学习成绩很好，上大学后由于同学之间的攀比，心态渐渐失衡，整容当了外围女。经专业公司包装，学习各种商业礼仪和奢侈品鉴定，被打造为三线演员。接客数年，她攒了500万元，自主创业，开着跑车卖面膜，然后被当作成功典范，受邀回母校给学弟学妹们演讲。

赚钱是我们这个时代不可置疑的政治正确，哪怕为此铤而走险。但我还是想质疑一下，是不是这个世界上的一切都可以被贴上一个价格，拿来交易？或者换句不雅的话，所有的事情都需要那么高的效率吗？那人类还治疗早泄干什么？

很多年前，有一个扎根于广西某偏远山村支教的德国人，名叫卢安克。卢安克辞掉工作，放弃优渥的生活，在中国的穷乡僻壤一待十年，成为当地的传奇，也验证了一个道理：贫穷不是财产的减少，而是贪婪与欲望的增加。

卢安克对采访他的记者说："别人对我佩服的地方其实是我的无能。我无能争取利益，无能作出判断，无能筹划目的，无能去要求别人，无法建立期待。也许有人以为那是超能，这个误会造成了我现在的结果。还可以用另一种表达——人类大部分的痛苦都是因为期待的存在。其实人生中不存在任何必须的事情，只存在不必要的期待。没有任何期待和面子的人生是最美好与自由的，因为只有这样，人才能听到自己的心。"

卢安克的话让我想起了曾点的故事。

有一次孔子问他的四个弟子各自的志向。子路说想去治理千乘之国，使其国民知礼而善战；冉有抱负小一些，说也想去治国，治个小国，让百姓温饱就行了；公西华的野心更小，说能在宗庙祭祀或国与国之间的盟会中当个赞礼官就行。

最后轮到曾点。曾点在抚琴，停了下来，说他的愿望是暮春三月，大家已经穿上了春天的衣服，他和五六位成年人，六七个少年，去沂河里洗洗澡，在舞雩台上吹吹风，一路唱着歌走回来。孔子长叹一声，说"我是赞成曾点的想法的"。

这就是著名的"曾点气象"。

我觉得什么时候我们才算是步入了真正的文明呢？应该是越来越多的人理解了曾点的生活态度，追求自由并勇于承担由此而来的孤独、迷茫和压力，面对自己内心深处最真挚的想法，不为任何虚幻的概念和僵化的教条而活，不为迎合任何人的期待而活。

所有的生活方式都无对错可言，只要这是生命个体自己的选择。

人为什么会恐惧自由?

>>

人对未知的世界怀有本能的恐惧，对看不见、摸不着的东西持有本能的怀疑，在“得不到”和“已拥有”之间往往更珍视后者。

《房间》是一部我非常喜欢的奥斯卡获奖影片。

故事说的是一个名叫乔伊的女孩被变态男子诱骗，囚禁在一间十平方米的带密码锁的房子里达七年之久。在此期间，她遭到强奸，生下了儿子杰克。杰克长到五岁都没见过外面的世界，不知道落在天窗上的枯叶是什么东西，分不清电视里真人和动画之间的区别——乔伊无时无刻不想挣脱牢笼，但她却给儿子编织了一个又一个美丽的童话，以使其快乐地成长。

一次停电促使乔伊下决心自救。她先后让杰克装病、装死，试图骗过来访的变态。然而，杰克非常恐惧，不愿合作。于是乔伊亲手粉碎了由她缔造的童话，告诉儿子墙外的世界很精彩，以此引导他对自由的向往。可惜结果不如人意。杰克陷入到了巨大的恐慌之中，不相信一墙之隔的那个世界，一口一个“不可能”，甚至说乔伊是“骗子”。

乔伊很痛苦，把自己被拐的经历讲了出来，谁知儿子怒吼说“这个故事太无聊”；乔伊又说“你已经五岁了，应该帮我一起改变现状”，儿子说“我想回到四岁”。

乔伊无奈道:“你不觉得这个房间很臭吗？”儿子完全不认同，他觉得非常温馨。

看到这一幕，我想到的是一本名叫《逃避自由》的书。

人对未知的世界怀有本能的恐惧，对看不见、摸不着的东西持有本能的怀疑，在“得不到”和“已拥有”之间往往更珍视后者。因此不难理解为什么人很多时候会害怕自由，为什么《肖申克的救赎》里被监狱驯化好了的犯人即使放他出狱也哪都不想去。

自由从来就不是一种最迫切的人性需求，懒惰和贪婪都比它更有市场。只有在比较当中，自由的重要性才能显现出来。

多年后，逃出魔窟的乔伊在杰克的强烈要求下故地重游。与讳莫如深的乔伊不同，被保护得很好的杰克对那所房间没有任何痛苦的记忆。于他而言，那反而是他感受母爱最集中、最充分的地方。虽然彼时的他连健康都很难保证，但回想起来还是充满了暖色调，就像另一部电影《再见列宁》开头那段温情脉脉的家庭录像一样。

柏林墙倒塌后，东德人民迎来了向往已久的自由。但很快他们便意识到，自由是权利也是负担。不再有国有工厂，不再有稳定的收入，每个人都被抛到市场经济的洪流中独自面对一切，为自己的选择买单。这时，那些丧失了竞争力的前东德人开始怀念起之前的好来。

人性深处本就潜藏着对力量的原始崇拜，举国体制又曾经成功地把加加林送进了太空。于是，在自家后院造火箭便成为那一代东德少年的集体回忆，以至于许多年后当他们被西德的资本家炒鱿鱼时，会情不自禁地给那段美好的记忆镀金，放大它的意义。

但是话又说回来，自由的甜头只要尝过一次，任何人都不会再甘心回到原先封闭的状态。就像杰克重返他出生的房间时，第一感觉便是空间缩小了，不愿关门。即使他对屋子里的每样东西都饱含感情，最后的选择还是与它们一一告别，扬长而去。

中世纪时，欧洲人缺乏自由，却处在一个相对稳定的社会结构当中。人们的社会地位虽然被牢牢钉死，但拥有较强的安全感，很少为前途与命运担忧。

文艺复兴和宗教改革使人们在精神层面取得了自由，工业革命与资本主义的发展又让人们在政治和经济上获得自由。但这一次次的冲击却也将个体推到了孤立无援的境地，只能靠自己的双臂撑起生存的天地。失去保障的人们，尤其是他们当中的弱者，惶恐不安，迷茫焦虑，与自己、与他人都变得疏远起来。在这片持续上演着“饥饿游戏”的黑暗森林里，自由成了沉重的负担，压得人难以忍受，于是人们在恐惧中渐渐生出逃避的念头。

逃避的方式要么是操控他人彰显自己的力量，要么是屈从于强权以获得保护和归属感。自由曾经是一种解脱，现在却带来新的枷锁。我们以为互联网打破了权威，以为钻进吹嘘商业模式、贩卖各种思维的社群便踏入了新时代，殊不知这只是为了满足虚幻的安全感而主动放弃思考后的媚俗与无知。

所有人都只看穿越网剧和所有人都只看八个样板戏同样可怕，因为放眼望去，皆是一望无尽的文化沙漠。而前者的迷惑性更强，它让你误以为那是自己的声音、自己的选择，大脑缴械投降，谎言长驱直入，在你的意识领域占山为王。

从《1984》到《美丽新世界》，极权统治的手段一直在进化，就像互联网从论坛、博客发展到微博、微信一样。对比早期的BBS和现在的微信公众号不难发现，理性深入的探讨越来越少，段子、鸡汤和软文越来越多；直面现实的勇气越来越少，反智主义和消费主义越来越多，每一个人都浸泡在娱乐至死的糖罐里孜孜不倦地赚钱和购买。

早在将近二百年前，法国思想家托克维尔就预言了这一趋势。他在《旧制度与大革命》中振聋发聩地提出：

在专制社会中，人们相互之间再也没有种姓、阶级、行会和家庭的任何联系，他们一心关注的只是个人利益，蜷缩于狭隘的个人主义之中，公益品德完全被窒息。专制制度非但不与这种倾向做斗争，反而使之畅行无阻，因为专制制度夺走了公民身上一切共同的感情，一切相互的需求，一切和睦相处的必要，一切共同行动的机会。专制制度用一堵墙把人们禁闭在私人生活当中。人们原先就倾向于自顾自，专制制度现在使他们彼此孤立；人们原先就彼此凛若秋霜，专制制度现在将他们冻结成冰。

在这类社会里，没有什么东西是固定不变的，每个人都苦心焦虑，生怕地位下降，拼命向上爬。金钱已成为区分贵贱尊卑的主要标志，还具有一种独特的流动性。它不断易手，改变着个人的处境，使家庭地位升高或降低，因此几乎无人不拼命地攒钱或赚钱。不惜一切代价发财致富的欲望、对物质利益和享受的追求，便成为最普遍的嗜好。

专制政府为什么纵容甚至助长这种风气呢？托克维尔一针见血地指出：为了使人们的思想从公共事务上转移开。

自由的真谛是免于恐惧，很多实现了财务自由的人依旧活在对未来的忧虑之中，还不如乡野村夫自由。当艺术家不敢放开手脚地写、淋漓尽致地拍，搔首踟蹰时，他是不自由的；当年轻人的谈婚论嫁不能遵从内心，发乎爱情，而要看父母的脸色，算计利益，考量家世时，他也是不自由的。

唯有当生命的价值不必用外在的成就来衡量时，唯有当个人不必受到权力和金钱的操控时，唯有当每个人的良知与理想不是出于满足任何人的期望，而是他自发的、独特的主观能动时，自由的光辉才能洒满人间。

而这一切的起点，是回归内心，多问问自己究竟想要什么。学问之道，求其放心而已。弗洛姆认为：“一个所谓能适应社会的正常人远不如一个所谓人类价值角度意义上的精神病患者健康。前者很好地适应社会，其代价是放弃自我，以便成为别人期待的样子……相反，精神病患者则可以被视作在争夺自我的战斗中不准备彻底投降的人。”由此，他进一步推断出一个著名的观点：在病态的社会里，精神病人反而更健康。

精神病人是孤独的，而正常人最害怕的就是孤独。

原因有两个方面。一是不与人合作，就难以生存；二是生命若无从属，若无某些意义与方向，人就会被虚无压垮，就像米兰・昆德拉在《生命不能承受之轻》中所描写的那样。

因此，人格不独立的“类人孩”们必须让自己寄居在统一的大纛之下，用伪思想喂饱“假我”。他们号称自己是自由的，其实早就放弃了自由思考的权利，不懂得自由的底线是不伤害他人的自由；不懂得自由不是想做什么就做什么，而是不想做什么就可以不做。

身份习俗、宗教信仰以及民族主义，无论多么荒诞不经、微不足道，只要它能使个人与其他人联系起来，就能让人逃避他内心深处最惧怕的一件事，那便是孤独。即使长此以往人的心灵会愈发空虚，人的“真我”会濒临灭绝，也在所不惜。

对于这类可悲之人，也许只有约翰・密尔在《论自由》里的忠告能让他们稍微有所警醒：“比起个人来，时代更容易出错，因为每个时代都有很多种看法，在随后的时代里会被认为是错误甚至荒唐透顶的；同样，也有很多当下不为人所理解乃至拒斥的看法，在未来却被普遍接受，奉为真理。”

一切心法

>>

当未经世事的小孩不小心被桌子碰疼后，会本能地抬手拍打，即便明知桌子没有痛感。这说明以德报德，以怨报怨才是最本真的人情。

韩剧《来自星星的你》里有一幕，说都敏俊刚来到地球，一天在大街上溜达，看到有人赌博，庄家出老千，把一个男人的钱骗得精光。

男人不服气，压上最后一锭银子，说是给女儿买药的钱，一副不成功便成仁的样子。都教授行侠仗义，用超能力帮男子扳回一局，大赚了一笔。

然而时隔多年，当都敏俊再次偶遇那名男子，却发现沉迷赌博的他已输得衣衫褴褛，把女儿拉来下注，求对方让自己再赌一局。

外星人都敏俊若有所思：即使自己帅绝人寰，无所不能，但对于他人的命运，最好袖手旁观。

因为每个人都有属于他自己的路，谁也无法替之安排。

从此，对人类的苦难与欢乐，都敏俊都尽量只当观众，惯看秋月春风，而甚少插手。

那么问题来了：这符不符合王阳明所说的“良知”呢？

众所周知，阳明心学是致良知之学，而良知又是是非之心，价值判断，并不是简简单单地当个善男信女。

在孟子看来，是非之心，智之端也。明辨是非，是智慧的体现。

看上去容易，很多人也能做到兄友弟恭、人畜无害。但翻检史书不难发现，普通人甚少有机会直面大是大非的考验。

话说东汉末年，军阀混战，其中有一个叫张超的，固守雍丘（今河南杞县）时被曹操围攻。

眼看支撑不住，张超对部下说：“臧洪会来救我们的。”

部下不解道：“臧洪现在跟着袁绍混，袁绍和曹操是盟友。臧洪怎么可能破坏联盟给自己惹祸？”

张超回答说：“臧洪是天下义士，不会背弃旧恩。”

所谓旧恩，是指张超对臧洪有过知遇之恩，是他的旧主。

果然，得知张超被困，臧洪立刻向袁绍请兵，遭到拒绝。又请求带自己所部兵马驰援，又被拒。结果雍丘陷落，张超自杀，全族被灭。

臧洪悔恨不已，当即反叛袁绍，被袁军围攻。

守卫战打了一年多，城里粮食吃尽，饿殍遍地，臧洪却拒不投降。

为了鼓舞人心，他把自己的小妾杀了给将士们吃，但还是无法避免城池陷落的命运。最后，臧洪被袁绍擒杀。

试问：臧洪是天下义士还是吃人魔王？

《资治通鉴》里记载了一个细节，即城中绝粮后，臧洪知道守不住，便对全城军民说："袁氏无道，图谋不轨，且不肯救援我的长官（张超）。我臧洪出于大义不得不死，但诸君与此事无关，不该受我的连累，不妨趁早带着妻儿出城。"

然而，所有人都被臧洪的大义感动，无一离去。

即便有夸张的成分，至少也说明了史官的价值倾向。只是臧洪杀妾的时候，那位小妾是否也被夫君之义感动而自愿献出生命，就不得而知了。

臧洪被砍时，其同乡陈容在场，慷慨激昂地向袁绍提出抗议，说："仁义岂有常？蹈之则君子，背之则小人。今日宁与臧洪同日而死，不与将军同日而生。"

结果袁绍把陈容一并杀了。在座之人无不叹息，私下议论道："怎么能在一天之内连杀两位义士！"

后世对臧洪大多持肯定的态度。比如东晋末年，南朝宋的开国皇帝刘裕讨伐司马休之，写信给司马休之的参谋韩延之，劝他弃暗投明。

韩延之在回信里痛斥刘裕，说就算上天注定了灾祸不绝，自己也甘愿追随臧洪于九泉之下。刘裕收信后，叹息不已，遍示群臣道："做下属的就该像韩延之这样。"

但也有人不以为然。

在《读通鉴论》里，王夫之认为张超不过是像曹操和袁绍一样的野心家，臧洪之义，无非私恩。他固然可以为报私恩奋不顾身，但搭上全城将士和百姓的性命，则无论如何也称不上是义举，吃人更是不可饶恕。

如果把忠分为两种，待人以忠和事君以忠。那么臧洪把前者做到了极致，而唐朝的张巡则把后者发扬光大了。

安史之乱时，睢阳（今河南商丘）被叛军围城，危如累卵。守城将士建议弃城突围，但作为最高统帅，张巡认为睢阳是江淮地区的门户，放弃睢阳，则江淮不保，朝廷将失去支撑平乱最重要的兵饷来源。

于是，张巡带领大家死守，化解了敌军的云梯和钩车，挡住了一波又一波攻势。

筋疲力尽的叛军最后干脆围而不打，等着唐军饿死。

睢阳断粮。

树皮吃光了便张起罗网捕捉鸟雀虫鼠充饥，最后发展到连皮制的铠甲都被煮熟吃掉的地步。

结果历史重演：张巡把自己的小妾砍了强令官兵吃下，又把城中的妇孺老弱杀了充当军粮。

就这样打了半年，最终还是被叛军攻陷，张巡不屈而死。

睢阳战前有四万居民，城破之日只剩四百个残兵败卒，张巡身体力行了“一将功成万骨枯”。

这里面的是非就不好论了，苍生和大义到底哪个更重要？

当时就有人议张巡吃人之罪，但时过境迁，当他化身为道德偶像后，又成为统治阶级教化臣民的绝佳案例。

类似的事史不绝载。电影《大明劫》就描写了孙传庭跟李自成决战前，把军队里的病号集中起来全部烧死，以免其拖累全军或被敌寇俘虏。

当然，不是所有人都视人命如草芥，阿富汗战争中就有一个完全相反的例子。

2005 年，由四名海豹突击队员组成的特别军事小组在阿富汗山区寻找一个塔利班的头目。根据情报，此人率领 150 名全副武装的战士藏匿在山谷里的一个小村庄内。

军事小组刚刚在山腰占据了一个可以俯瞰整个村庄的观察点，两个阿富汗农民和一个 14 岁的小男孩便赶着群羊与他们不期而遇。

美国大兵用枪指着这三个手无寸铁的阿富汗平民，讨论如何处理。

由于没带绳索，捆住他们争取时机另觅藏身之地并不可行，仅有的选择是要么杀，要么放。

其中一个海豹突击队员认为必须杀掉这些牧羊人，因为作为在敌后执行任务的军人，有权做任何事来挽救自己的生命。

但最后投票的结果是一人弃权，两人赞成放人。

后果是不到两小时，四个大兵便被 100 个手持 AK-47 和火箭筒的塔利班分子包围。在接下来的惨烈战斗中，三人不幸遇难，一架试图解救他们的直升机也被击落，机上 16 名士兵全部牺牲。

幸免于难的海豹突击队员马库斯（他身负重伤，跳下山坡，爬行了 5 公里，在另一个村庄得救）后来写了本回忆录（电影《孤独的生还者》即据此改编），充满了悔恨和自责，说当初投票时反对杀牧羊人是自己一生当中所做的最愚蠢、最糊涂的决定。

其实，马库斯的决定看似迂腐，但正是西方基督教伦理观的体现，即不仅要“爱人如己”，还要爱自己的仇敌。

这比较类似墨子的“兼爱”，但跟儒家提倡的“仁爱”有很大不同。

在儒家看来，一个人对父母的爱天然胜过对远亲的爱；对远亲的爱天然胜过对陌生人的爱。这种层次分明的爱就是“仁”。

这是一种更为现实、顺乎人情的道德主张，最典型的例子就是有人问孔子“以德报怨可不可以？”

要是耶稣，答案无疑是肯定的。但孔子回答说，以德报怨的话，何以报德？他的主张是“以直报怨，以德报德”。

以德报德没问题，以直报怨于丹给过一个鸡汤式的解读：“用你的公正，用你的率直，用你的耿介，用你的磊落，也就是说，用自己高尚的人格，坦然面对这一切。”

孔子泉下有知，只能一笑置之。

当未经世事的小孩不小心被桌子碰疼后，会本能地抬手拍打，即便明知桌子没有痛感。这说明以德报德，以怨报怨才是最本真的人情。

《礼记》有言："凡礼之大体，体天地，法四时，则阴阳，顺人情，故谓之礼。""体天地，法四时，则阴阳"都是务虚的帽子，"顺人情"才是实实在在的道理。

再比如，《礼记》还记载了两句孔子的话，第一句是"以德报德则民有所劝，以怨报怨则民有所惩"。即以德报德会激励人们多做好事，以怨报怨会惩戒人们少做坏事。德应该获得德的回报，怨应该获得怨的回报，这才是"直"，即等值的意思。

第二句话则进一步补充道："以德报怨则宽身之仁也，以怨报德则刑戮之民也。"

孔子把以德报怨和以怨报德归为一类，表达了同样的恶感。

以怨报德是忘恩负义的中山狼，应该受到刑戮；以德报怨则是唾面自干、没有是非观念的小人，即孔子鄙视的"宽身之仁"。

但事实上，这种息事宁人的宽身之仁恰恰是指导底层老百姓为人处世的生活哲学，很多人家里还挂着"让三分风平浪静，退一步海阔天空"的对联，照这价值观发展下去，最后就是孔子最讨厌的那类人——乡愿。即貌似忠厚，实则同流合污的伪善者。

所以，是非不能靠听百家讲坛去分辨，也不能凭朋友圈里的鸡汤文来下定论，而要亲身体验，实实在在去悟，明觉内心的良知。

王阳明有言："求之于心而非，虽其言出于孔子，不敢以为是；求之于心而是，虽其言出于庸常，不敢以为非。"

即判断一句话是对是错，标准在你的内心，而不在于它是谁说的。

比如先秦儒家不但提倡恩怨分明，甚至鼓励人们不经司法程序手刃血仇。成语“不共戴天”就是这么来的，《礼记》里记载：“父之仇，弗与共戴天。”谁杀了你的父亲，对不起，从此见到就砍，同一片天空之下，有你没我。

这种肯定血亲复仇的传统一直到民国都有，比如女侠施剑翘为报父仇刺杀孙传芳。当然孙传芳也不是什么好东西，但人被刺时已经退休，不做军阀好多年了，在一个庙里吃斋念佛，不问世事。

结果，施女侠束手就擒后，政府扛不住舆论压力，最后由国民政府主席林森签了一个特赦令，直接无罪释放。

且不论把法律置于何地，血亲复仇的合理性在唐朝就有人提出质疑，即那个“念天地之悠悠”的陈子昂。他在《复仇议》里写道：“人必有子，子必有亲。亲亲相雠，其乱谁救？”

这是从维护社会和谐的角度出发的。一百年后，柳宗元写了篇《驳 < 复仇议 >》，明确反对陈子昂，再次重申《春秋》里的大义：“父不受诛，子复仇可也。父受诛，子复仇，此推刃之道，复仇不除害。”

意即父亲被冤杀，儿子当然可以报仇。除非父亲犯了法，有罪该死，这时儿子再复仇就会引起接连不断的仇杀，不合道义。

国外也有类似的例子。

在推理小说《彷徨之刃》中，东野圭吾表达了这样的困惑：正义到底存在于人的心底还是空洞的法律条文中？

结尾，他借一名参与案件侦破的警察之口，说：“警察到底是什么？是站在正义那一方的人吗？不是，只是逮捕犯了法的人而已。警察保护的并非市民，而是法律。为了防止法律遭到破坏，拼了命地东奔西跑。但法律是绝对正确的吗？如果是，为什么又要频频修改？如果不是，为了保护不完善的法律，警察就可以为所欲为吗？”

回到孔子的“以直报怨”。在他看来，这是一种君子之德，而“以德报怨”则是小人信奉的“吃亏是福”的避祸法则。前者寻求正义，后者在意结果。一个可能要付出高昂的代价，一个从实用理性出发，日子会好过得多。

正义是人人都向往，但未必人人都大胆追求的。古罗马有一条法谚:“为实现正义，哪怕天崩地裂。”

这句话其实值得商榷。

有两张流传很广的图直观地反映了“正义”与“公平”之间的区别。

第一张图是身高不等的三个人隔着栅栏观看棒球比赛，为了让眼睛能越过栅栏，三人脚下都垫了相同的箱子以增加高度，结果是个子最高的那个看得更远，个子中等的正好看清，个子最矮的还是看不到。这张图的图注是“公平”。

第二张图仍旧是这三个人，但为了使大家都能看到，垫了高低不等的箱子。个子矮的箱子最高，个子高的箱子最低。最后，虽然基因造就了先天的不公，但仰仗后天的协调，三个人的目光都处在同一条水平线上。这张图的图注是“正义”。

西方有两个社会学家，一个叫诺齐克，一个叫罗尔斯。

诺齐克认为，如果一个人最初的财产是清白的，此后在积累财富的过程中也没有坑蒙拐骗伤天害理，那他即使富可敌国，也无可非议。

罗尔斯则认为，如果一个人最初的财产是清白的，积累的过程也正大光明，但获取过多时，国家还是要以二次分配来调节贫富不均。

美国建国之初，以杰弗逊为首的民主派和以汉密尔顿为首的联邦党人进行了一场旷日持久、影响深远的论战，主题便是“公平”与“正义”如何均衡。延续至今，则是民主党与共和党泾渭分明的政治立场。

事实上，人生之初，即无公平可言。有人美，有人丑；有人生在钟鸣鼎食之家，有人长在穷街陋巷。这种由起点不公造成的两极分化使得穷者恒穷，富者愈富，如果没有一个好政府来宏观调控，任其发展，必然酿成革命，以最血腥的方式重新洗牌，将大多数人推回到同一起点。

问题是政府干预的尺度怎么拿捏？如何保证它替弱者进行后天补偿时自己不分走一大杯羹？

清朝有本书叫《履园丛话》，是明清笔记的代表作，里面描写明朝鼎盛时期的苏州，有寺院、戏馆、游船、青楼，灯红酒绿，堪比旧上海的十里洋场。

写了一通富人一掷千金的娱乐场所，纸醉金迷得跟《小时代》似的，然后你以为作者要开始批判这种穷奢极欲、违反四风的社会现象了吗？不，钱泳，就是这本书的作者说：正因为这些奢华场所的存在，大量穷人也能从中分上一点残羹冷炙。

好比豪华夜总会虽然出入的都是达官显贵，但附近也因此聚集了很多开黑车的、给黑车司机送盒饭的……

钱泳说：这些穷人一旦你禁止他们在这里讨生活，非让他们改行，当中很多人就会沦为流氓、乞丐乃至小偷、强盗，后患无穷。因此最好的办法是听之任之，无为而治。

文末，钱泳引了句诗“人言荡子销金窟，我道贫民觅食乡”，并感慨道：“这首诗真是仁者之言啊！”

人之所以为人，并不是因为学会了直立行走，也不单单是会制造和使用工具，而是由于人具有良知。

就像叔本华所说：“‘人是什么’要比‘人有什么’重要得多，也比‘他人的评价’重要得多。”

从这一点出发，可以得出一个结论：成功虽以物质为表征，但莫不以精神为其来源。

比如把稻盛和夫放到官场上，多半能造福一方；放到大学里，能著作等身。明觉良知之人，常常无往而不利。

但可惜，大部分人追逐的方向都错了，活在一个由姓名、年龄、职业、经济状况、人际关系、体貌特征和思想观念“因缘和合”的“假我”之中。

所谓因缘和合，是指诸多事物依赖一定的条件组合在一起。而所谓“假我”，并不是说这个因缘和合的自我不存在，只是说一旦众缘变化或离散，自我就随之改变了，因而不常在。

所以，不是“不存在”，而是“不常在”。

那“真我”在哪呢？真我就迷失在“假我”之中。

一旦有一天你顿悟了，不认同你身心内外的那些假象了（不一定要摒弃，只是不认同），这一念转过来，就找到真我了。所以佛说：“一念悟，众生即佛；一念迷，佛即众生。”

打个比方。“真我”是个演员，“假我”就是其扮演的角色。一个好演员既要入乎其内，把自己演成角色；又要出乎其外，时刻谨记自己是在演戏。如果像《霸王别姬》里的程蝶衣那样走不出来，他还能主宰自己的人生吗？

认同“假我”的人，等于把自己拱手交给了命运这个编剧。命运无常，制造一个情境让他哭他就哭，制造一个情境让他笑他就笑，一辈子都活不明白。

简而言之，认同“真我”的人就是“我在演戏”，不为外物所迷，坚持体认良知；而认同“假我”的人，等于“戏在演我”，只能在红尘中颠沛流离，泯然众人。

从这个角度看，阳明心学是一种“为己之学”。一言以蔽之，为自己而活。

为自己而活不是凡事只考虑自己的利益，而是每个人都为自己负起责任。一个不爱自己的人，爱谁都是假的；一个不对自己负责的人，肩膀上也扛不起任何责任。

最终，你的人生过得好不好，不是看别人的评价，而是夜深人静时你跟自己的对话；而是弥留之际回顾一生时，看能不能做到无怨无悔，此心光明。

就像乔布斯所说的那样：“你的时间有限，所以不要为别人而活，不要被教条所限，不要活在别人的观念里，不要让别人的意见左右自己内心的声音。最重要的是，勇敢地追随自己的心灵和直觉。只有自己的心灵和直觉才知道你最真实的想法，其他一切都是次要的。”

古罗马思想家奥古斯丁说过：“同样的痛苦，对善者是证实、洗礼和净化，对恶者是诅咒、浩劫和毁灭。”与此类似，同样的身外之福，例如财产，对善者可以助成闲适、知足和慷慨的心情，对恶者却是烦恼、绳索和负担。

光明并不直接惩罚不接受它的人。拒绝光明，停留在黑暗中，这本身就是一种惩罚。正如古人所说，“君子乐得做君子，小人枉自做小人”“君子坦荡荡，小人长戚戚。”

斯宾诺莎有言：“快乐不是对美德的奖赏，而是美德本身。”同样，幸福不是对致良知的偿报，而是致良知本身。成功也只是良知的镜像和副产品，如果一个人具备正直、诚实、宽容、勇敢、谦逊、感恩等品质，并能够在同他人和社会的交往中自然而然地表现出来，成功便是水到渠成之事。

相反，如果人格出现问题，成功也会跟着变态，反噬己身。孔子认为的三大灾祸里，第一条便是“德薄而位尊”。最后的结果便是爬得越高，摔得越惨。

人生是一场修行。人应该担忧的是自己能否致良知，而不必担心成功何时到来。正如《论语》所言：“君子谋道不谋食，忧道不忧贫。”

凛冬将至，磨砖作镜

>>

生活的残忍之处在于，当七月想像安生一样绽放生命的烟火时，安生已经安顿下来，准备相夫教子了。于是，重返故乡的鲁迅看到了那个灵魂被抽空的闰土。

我用两年时间完成了一部关于王阳明的电视剧剧本，40 集，共计 60 万字。当敲下最后一个句号时，望着落日余晖轻柔地打在中央公园的树冠上，思绪不禁飞回到九年前的一个冬夜。

那天晚上，我和初恋在传媒大学东门内的咖啡厅看《英国病人》。寒假将至，校园里空空荡荡，喝咖啡的人都走光了。我有些困，躺在她腿上休息，听着电脑里传来的低吟浅唱，恍如隔世。

这时，心里蓦然出现一个声音：我不想和她结婚！

或问：不想结婚你谈什么恋爱？

因为乍见之欢。

所以时间长了就腻了？渣男！

渣不渣，我也不清楚。只知造化弄人，当初确立关系不到一周，就遇见一个播音系的小师妹，相互喜欢，想在一起。但觉得刚向初恋表白没几天就对她说我爱的其实另有其人，这种行为很渣，这种话难以启齿，于是忍痛疏远了那个师妹。

那天夜里在咖啡厅，我难过极了。当你知道一段感情走到了尽头，却不得不装作若无其事，等待时机摊牌——那种看着对方蒙在鼓里，一脸昔在今在永在的感觉，令人心塞。

前段时间去杭州的一个企业演讲，念及此事，问在场的人：如果你遇见从未来穿越回来的自己，被告知正在进行的恋爱将会无疾而终，于某年某月某日。你将作何选择？是否继续这段美丽的错误？

很多年后我才明白，良知会告诉你答案，它无关道德戒律，只关乎你内心深处最真实的价值判断。王阳明相信人的本能和直觉，相信基于人性做出的选择是普世和向善的，好比宪法信任陪审团。

良知不学而能，就像所有人都知道从五楼跳下去会摔死。然而二十多年前，一个男孩在成空干休所的五楼沿着窗外不足一掌宽的房檐从次卧凌空横移到主卧，只为翻窗而入，拿到被父母锁在屋子里的关键道具小霸王学（you）习（xi）机一台；十多年前，青城山脚的军训基地，几名苦了两周的高中生相约在夜里熄灯后偷偷到附近的山丘上举行篝火晚会。一个男生听说他喜欢的女孩想要狗尾巴草编花环，便和同伴去远处采摘。往回走时，山径狭窄，他一脚踩空，滑了下去。幸好同伴机智，死死地拉住他的胳膊，否则后果不堪设想。

男孩的家长和男生的意中人均不知情，两件事成了永恒的秘密。只是漏夜思之，隐隐有些后怕——如果死神的脚步再近一点，可能早就消失了。

少年与成人的世界彼此遥望，冷眼观照，中间隔着一道鸿沟天堑，就像摩西分开红海，无可逾越。

童年和青春之所以美丽，大约因为我们身边都曾有过一个奋不顾身的闰土。他机智勇敢，潇洒自如，天底下没有他干不了的事。可惜随着时间的推移，他的脸上布满了柴米油盐刻下的烙印，他的灵性也被商品经济的洪流冲刷得一干二净，远离了知行合一，只剩下圆滑的乡愿与精巧的算计。

似乎最好的结局也只是拖着疲惫的残躯，对光怪陆离的世界不发一言，宛若死去的阿郎（《少年阿郎》）与废掉的何勇。

可你是何勇啊！你是在红磡体育馆如仙附体，物我两忘，用“魔音”炸裂全场的摇滚之神，你怎么可以用空洞的眼神和麻木的表情向整整一代的理想主义者宣布解散？

生活的残忍之处在于，当七月想像安生一样绽放生命的烟火时，安生已经安顿下来，准备相夫教子了（《七月与安生》）。于是，重返故乡的鲁迅看到了那个灵魂被抽空的闰土。

其实，关于人生的奥秘，杨德昌已在《一一》中道尽了。

电影以婚礼开始，以葬礼结束。吴念真的一家，生活波澜不惊却暗藏汹涌。小儿子洋洋还在好奇地看世界，拿着相机拍来拍去，大女儿婷婷已开始经历残酷青春；刚结婚的小舅子阿弟旧爱未了，在欲望的诱惑和生活的重压下强颜欢笑地同这个世界周旋，妻子敏敏却已厌倦了一成不变的重复生活，靠宗教慰藉心灵。

年华一帧帧老去，每个角色都在经受各自的考验，加起来就是你一生所要践踏的荆棘，而身处其中的吴念真则遭遇了中年危机。

中年危机从来就不是暴风骤雨，它如丝如茧，绵绵不绝地蛀空一个男人的精神世界，让他对生活失语，疲态百出。就像吴念真在家中翻了半天，突然问自己“我回来究竟要拿什么”；从阿弟的婚礼上离场下楼，遇到初恋，寒暄一阵后一起上去，电梯关门的瞬间再次愕然：“我下来是要干什么？”

这个并不成功的软件公司的合伙人，一有空闲便戴上耳机沉浸在音乐的海洋里，同现实保持着若即若离的关系，健忘已成为常态，直到事业风生水起的初恋重新闯入他的生活。

当年，这个女人希望他学工，可吴念真酷爱艺术，两人就此分道扬镳。然而宿命般的，他还是走上了女人想让他走的那条路——既如此，当初又何必分开？

两人到日本再叙旧情，欢快无比。但当女人提出重新开始时，吴念真默默地离开了——他不是不爱她，只是太多的羁绊已使他无法再来一次。

后来，在岳母的葬礼上，吴念真告诉妻子：“你不在的时候，我有机会过了一段年轻时的日子。本以为再活一次的话，也许会有什么不一样，结果还是差不多。突然觉得，再活一次好像真的没有那个必要。”

就这样迷茫着、冲突着，中年的吴念真很快便会来到六十多岁——他丈母娘的年纪。这个老太太自从影片开头中风昏迷后，就再也没有开口说过话，只愣愣地看着这个世界，静静地等待死亡，跟兴致盎然、四处探索以至于被教导主任耳提面命的洋洋形成鲜明的对比。

这貌似是一个隐喻，呼应了塞林格的“长大是必经的溃烂”，又如普希金的诗中所写：“当你在林中遇到那个青年，他的眼中已熄灭了青春的火焰，你可曾感叹？”

每个人心中都曾有过一个少年，但是他死了。死因不明，无人缉凶，尸体也被草草掩埋。他死在床上，死在上班途中；死在每个月计算的银行卡数字里，死在推杯换盏一醉方休时。

然而，理想主义是人能够顽强地活下去的根基。包括文明，之所以可以存续，皆因古往今来的科学家和艺术家心怀理想，创造发明，帮助人类渡过一个个险滩暗礁，欣赏一场场繁华盛景。因此，在经历溃烂之后，我仍然坚信少年不死。否则，这世界何以改变至今？

犹记得《大时代》里的人性随着股市的涨跌折射出五光十色，两个家族的命运颠簸沉浮，三十年的香港史荡气回肠地展开；犹记得《创世纪》里的许文彪指着窗外的高楼大厦对叶荣添咆哮道：“我不是没有尝试过。我尝试安分守己，拼命干活，挣那么一点点钱！我试过！但是外面那些人，外面那些人！他们懂建筑懂盖楼吗？他们只是拿一点点钱出来，花一点点时间，把房价炒高不断的赚大钱！这叫作公平吗？你去问问他们！随便问一个人！问问他们需要些什么！他们的答案很简单，只想要一间很普通很普通的房子！为什么他们要用一辈子的时间去供一间房子呢？因为那些有钱人在耍他们！越有钱的就越玩得起！这个世界公平吗？这个世界公平吗？！”

曾经的电视剧可以让人震惊、悲泣、陷入思索，而不仅仅是逗乐、好看，甚至连基本的创作规律都不遵循。

近年，王阳明成为为数不多的朝野共识，心学成了显学。2010年出版的第一版《明朝一哥王阳明》中有句话：“大部分研究王阳明的专家学者都是反王阳明的。”几次再版，改来改去，唯独这句保留至今，因为我坚持认为学术必须警惕权力。任何思想，无论左右，一旦走入专制权力，只会变成同一个模样。

把心学 MBA 化，嫁接权力，谋取私利，在当下成为一种现实。殊不知心学不是单纯地教育老百姓要讲良知，王阳明的世界观是“心即理”，是呼唤人格独立、思想解放——致良知的主体应该是大写的“人”，不是奴才。

而另一方面，人类社会未来的矛盾当不在专制和民主之间。前者已像天花病毒，被扫进了历史的垃圾堆，只剩屈指可数的几个国家还在负隅顽抗。取而代之的核心冲突在消费主义与人本主义之间——繁荣不再，实业空心，中产阶级人人自危，贫富分化愈演愈烈，资本回报远超劳动收入，天道酬勤成为无稽之谈。只需不断优化配置中心城市的房产便可永保富贵，自由市场经济正遭遇有史以来最为严重的信任危机。

《人类简史》的作者尤瓦尔·赫拉利认为，所有的意识形态都是基于对现实世界的共同想象编织而成的虚构故事。《汉谟拉比法典》说，人生来就处于不同的阶级；《独立宣言》说，人人生而平等，造物主赋予每个人生命权、自由权以及追求幸福的权利，不可剥夺。

二者都声称自己代表了放之四海而皆准的永恒真理，只要大多数人相信，就可以作为政治实体一直存在下去。因为人们相信某种秩序，并非由于它是客观现实，而是可以安全地身处其中，实现个人意志，打造美好社会。

民族主义者讨厌听“唐太宗有胡人血统”，因为这打破了他的“想象共同体”。但即将到来的人工智能会用大数据毫不留情地戳破一个又一个美丽的谎言。算法成为新的宗教，因为它比人类更了解人类自己。

民主选举将成为过去时——与其相信两党候选人精心包装的表演，不如听算法的；同谁结婚也不能靠激情和冲动了，算法才是媒妁之言，只有它清楚你们到底能维持几年。

20 世纪人类见证了各种乌托邦的破产，21 世纪“天赋人权”的观念也将遭遇重大挑战。因为它不过是比“君权神授”和“王道仁政”更理想化一些的政治口号，人人生而不平等才是亘古不变的现实。

文明的演变本质上是人类一次次推翻原本信以为真的东西，发现它只是一时一地的局限。可每一回我们以为打破了监狱的高墙，迈向了自由的远方，其实只是到了另一座更大的监狱而已。

算法时代的到来宣示了绝对理性对世界的主宰。所有浪漫的想象都将灰飞烟灭，如同今人再也体会不到大航海时代的冒险家对新大陆的无限憧憬。

意义逐步消解，一张张趋同的整容脸露出相似的精确微笑，彬彬有礼却冷冷冰冰地打着招呼，有条不紊地在一尘不染的世界过着一成不变的生活。

彼时，你会怀念那个为了游戏机和心上人铤而走险的孩子吗？你会想起晚唐诗人韦庄的“陌上谁家年少，足风流？妾拟将身嫁与，一生休。纵被无情弃，不能羞”吗？

这首《思帝乡》中的女子相信她是自己的主人，听从内心的选择。敢于拥抱最好的，也甘愿承受最坏的——这种坦然面对命运无常，迎难而上的自尊无畏，令人感动。因为她身上有当代女子所缺乏的果断从容，活得更像一个独立自主的人。

也许有一天，我们终将质疑存在的真实性——如何证明你不是人造人？如何证明宇宙不是高维世界的一段程序？

那时，良知可能是你唯一还能确信的。

行文至此，忽然发现《西部世界》的广告已在纽约的街头巷尾次第点亮。

人是不是多余的？

>>

“成功”是当下唯一的政治正确，道德甚至法律有时候都要让步。但我想说的是，“不成功”也是人与生俱来的权利。除了出人头地，人这辈子还有很多事可做，值得一做。

我喜欢周浩导演的纪录片，其中有三部都发生在广州，分别是《龙哥》《急诊室的故事》和《差馆》。

《龙哥》讲述的是周浩和一个瘾君子之间的故事。2010 年我到拉萨出差，也接触过吸毒者——一个工作体面，颜值不错的妹子。

记得回北京的前一天，我把她带到上岛咖啡，陪她在电脑上看了一遍达伦诺夫斯基的《梦之安魂曲》。出片尾字幕时，我注意到她脸色苍白。

后来我在成都遇见她，发现她气色好了很多。她告诉我，离开了那个圈子，就戒了。

《急诊室的故事》把镜头对准了广州一所医院的医务工作者、患者及其家属。2016 年，广东省人民医院的一位退休医生死于医闹之手，舆论哗然。我的一个朋友，积水潭医院的烧伤科大夫阿宝悲愤不已。

作为网络大 V，这些年他一直在微博上声讨医闹。我在他的新书发布会上表达过一个观点：人不是机器。汽车坏了送到修理厂不难修好，而面对人体的多样性和复杂性，化学公式有的时候就是会失效。

死亡从来不以人的意志为转移，可惜大多数国人终其一生都没有正视过这一命题。我们的教育是“吃得苦中苦，方为人上人”，我们的信念是“勤劳致富，出人头地”，所以当天命降临时，输不起的人便归罪于医生。

再说《差馆》。这部纪录片忠实地展现了底层逻辑，众生百态。各种编剧抓破脑袋也想象不出的奇人怪事、无理诉求层出不穷地在一个火车站派出所上演。我在观看时，有一种阅读晚清官场笔记时的无力感。基层治理，矛盾复杂，在现行体制下，几乎无解。

从这三部片子里，可以看到形形色色的人和他们的挣扎。而所有的挣扎，都指向同一个主题——欲望。

从周敦颐开始，二程、朱熹、陆九渊、王阳明，再到王畿、王艮、李贽、刘宗周，整个宋明理学来来回回其实就探讨了一个问题：人应该怎么对待欲望？

从程朱的否定人欲，到王阳明把“欲”和“情”做了详细的界定，再到泰州学派肯定人欲，人的主体价值越来越得到凸显。随之而来的疑问便是：欲望的边界在哪？比如明代最伟大的小说《金瓶梅》，纤毫毕现地记录了一个时代，表达的就是类似的困惑——当所有的价值都崩塌，一切只由欲望驱动时，人会变成什么？

中国人对待欲望的态度很多时候是歇斯底里的，要么像东林党一样挥舞道德大棒打人，要么如网红靠出位的表演吸引流量，很少有文学作品像《金瓶梅》那样用一种苍凉的笔调和悲悯的情怀来描绘欲望枯骨。

这个时代的欲望除了“身瘾”，更多的是“心瘾”。就像《梦之安魂曲》讲述的两段故事，一段是吸毒的年轻人，另一段是他每日抱着电视看娱乐节目、渴望成名的祖母。

这个老太太作为人的一面其实已经死了。她不吃不喝，不问世事，每天沉迷在幻想之中，为垃圾节目里的偶像去哭去笑，特别像在直播平台上挥金如土捧主播的宅男。

在这个世界上，有的人是猫奴，有的人是狗奴，但大部分人都是欲望的奴隶，一辈子都在想办法伺候和满足欲望。这是因为人首先是动物，其次是灵长类动物，最后才是人。动物的核心需求是生存和繁衍，所以女人看重男人的身高和财富，这是生存价值；男人看重女人的年轻和漂亮，这是繁衍价值。从某种意义上讲，每个人都只是传递基因的载具。许多动物寿命不长，一旦完成繁衍的使命就自动死去，以节省有限的资源，让族群可持续发展。

钱玄同说过一句很有名的话：人到 40 岁就该死，不死也该枪毙。听上去很极端，但想一想也有道理。40 岁的人，基因也传递了，对得起人类了。占据着社会财富却干着毁人三观、恶心世界的事，还不如死了为妙，因为他已经是多余的了。

今天的自然人，在很多行业已经是多余的了，即将让位于人工智能，成为《百鸟朝凤》里的唢呐匠。

在不久的将来，当越来越多的人被技术取代，被资本异化后，回过头去看，才发现王阳明的价值在于确立了人之为人，内在和外在能达到一种怎样的高度。有一天你醒来，惊觉机器人彻底超越了人，再想想那个生活在16世纪，身体孱弱却文能治国，武能平乱的哲学家，也许会有一丝怀念。

王阳明的三大哲学主张：心即理、知行合一、致良知。归纳起来，无非两点。一是要人成为人格独立的人而不是奴才；二是跟着良知走，主动去私欲。

我们这代人，普遍能够保持对权力的怀疑，却缺乏质疑消费主义的能力。互联网的初衷是打破信息的不对称，但在现实中却制造了更大的不对称。因为它在传递信息的同时也生产了大量的垃圾信息，降低效率，甚至把人引入歧途。

这就是美国学者李普曼的“拟态环境”理论。他认为在大众传播发达的现代社会，人们对外在环境的认知很大程度上受媒体提供的“象征性现实”的影响和左右，往往游离于“客观现实”，成为一种“拟态现实”。早在四十年代，比利·怀尔德便用一部《倒扣的王牌》描写了记者是如何步步为营地炮制出一条大新闻的。

很多产品经理和自媒体人都洞悉人性，却常常利用人性里的贪嗔痴来吸引流量。人之所以会沦为流量，交智商税，是因为他不相信良知。良知是一种本能的直觉，反应神速，就像创作时的灵感，知是非，辨善恶，为你提供清醒的判断，告诉你该如何选择。

王阳明认为良知人人都有，无间圣愚，不分古今，可为什么很多人体认不到呢？因为欲望太过泛滥，喜怒哀乐都被欲念操控。

人欲无穷而人生苦短，这是大部分人不开心的根源。无论个体还是群体，资本逻辑之上应该还有一套人生逻辑。如果一个社会只承认商业精英是成功的，那么它一定很无趣，会让你的人生永远有一种缺憾，感受不到物哀之美——这是日本文化里的一种意象，比如小津安二郎的电影；比如在庭院里静坐一整天，看樱花缓缓飘落，思考人与自然的关系。

对此，《死亡诗社》有一个观点，即“我们读诗、写诗并不是因为它们好玩，而是因为我们是人类的一份子，而人类是充满激情的”。

这个时代最不缺满嘴理想，满腹功利的商人。当他们中的一些人站在产品发布会的讲台上激动地声称要让世界变得更好时，其潜台词不过是要由我来让世界变得更好，绝不能让别人来做这件事，否则世界好不好与我无关。

最典型的例子就是欺骗了所有美国人的“创新”血液检测公司的创始人霍尔姆斯。当《华尔街日报》揭露这家估值近百亿美金的公司是一场彻头彻尾的骗局时，霍尔姆斯还在狡辩：“如果你想做点伟大的事业，总有人站出来阻挠你。一开始大家会认为你疯了，之后他们会与你对抗。但是最终，你还是会改变世界。”

她是改变了世界——让世界变得更糟。

自从亚当·斯密写作《国富论》以来，人类文明快速发展，自由市场经济成为理性人不可动摇的信仰。但我认为，良善的市场经济，还应该加上一条“致良知”——有所为有所不为。比如各国政府都约定俗成器官是不能拿来买卖的，爱情是不能拿来交易的。

然而现实生活却恰恰相反，越来越多原本不是商品的东西被强行定价，包括人命。

美国沃尔玛超市有个经理一次在帮顾客搬电视时突发心脏病死了，根据他的人寿保单，保险公司把 30 万美元打到了沃尔玛的账上。原来，公司早就为死者购买了人寿保险，并把自己指定为受益人，而此事死者的遗孀根本不知情。

她非常愤怒，因为自己的丈夫生前每周要工作长达 80 个小时。沃尔玛的行为就像是把员工用到死，然后白白赚了 30 万美金。在把沃尔玛告上法庭后，这个女人才得知原来公司为上上下下几千名员工都买了这样的保险，而他们的亲属均不知情。律师慷慨陈词，说“像沃尔玛这样的大公司拿其雇员的生命进行赌博的行为，绝对应当受到谴责”。

事实上人们担忧或者恐惧的是，当一家缺乏资金的公司可以因为其员工的死而得到数百万美元，那么它就会滋生一种反向的动机，在健康与安全措施方面故意偷工减料。在这种情形下，公司把员工看成了一种商品期货而不是雇员。

尼采说上帝死了，存在主义认为人死了，现在我们发现连雇员也死了。

绝对的道德社会和绝对的欲望社会都不可持续，尤其当制度还不完善，规则还不公平时，太多的人想成功，成功的机会又太少，撕裂就会发生。

社会达尔文主义把人还原为动物。人群分化，自私冷漠，信奉黑暗森林法则。阶层固化，威权强化，成功的标准只剩下钱。强者戾气深重，弱者野蛮挣扎，社会秩序不堪一击。免于恐惧的自由尚且没有，何谈幸福？

当资本的回报远远超过劳动所得时，渴求物质的社会大多数终其一生都将生活在“求不得”的绝望之中。这个时候其实就该跳出旧有的价值排序，站在更高的维度用更广阔的视野来看待问题。

正统经济学普遍相信市场存在一个能够自动实现供求平衡的有效机制，即通过无数交易主体之间的博弈，市场总是能驱动价格趋于均衡。

但是我们看到，股市和房地产市场的连续上涨会诱使更多的资金投入，而更多的资金投入又会进一步抬升股价和房价。所以金融大鳄索罗斯并不像有的经济学家那样认为市场总是正确的，相反，他认为市场总是错误的，但总能自我确证。尤其是金融市场，总是在扭曲地反映现实。因为大众的狂热，欲望的泛滥，市场预期从来就不是一成不变的数学公式。

由此可见，商业和技术是中性的，既可以为善，也可能作恶，没有必要夸大其作用，也无须贬低其价值。赚钱就说赚钱，不要造概念、扯情怀。当年莱特兄弟发明了飞机，一大帮记者前去采访，非要让哥俩说些惊世骇俗的话，结果哥哥只说了一句：“据我所知，鸟类中最会说话的是鹦鹉，而鹦鹉永远都飞不高。”

女权主义者认为男人物化了女人，殊不知是商品社会物化了饮食男女，给人分门别类地贴上“屌丝”和“剩女”的标签，以至于你说某个牛腩不好吃，商家告诉你味蕾没打开。

那你是听他的去看口腔医生，还是问问自己的内心？

在王阳明看来，外在的理论乃至谬论，其实就是佛家所谓的理障——你被一个道理困住了，不相信良知的作用。事实上，尽信书尚且不如无书，更何况天天看社交媒体上的枪稿软文？

假象误导了人们的认知。没有网红你不会死，可每个人这辈子都要和医院打交道，医疗资源严重不足已经让很多医生超负荷工作。如果我们没有勇气去动存量，改革关系到每个人的健康、教育和人身安全的垄断行业，那整个社会都会为泡沫经济付出惨痛的代价。

“成功”是当下唯一的政治正确，道德甚至法律有时候都要让步。但我想说的是，“不成功”也是人与生俱来的权利。除了出人头地，人这辈子还有很多事可做，值得一做。

我们终其一生，就是要摆脱他人的期待，找到真正的自己，每个人一生的故事都是不同的。生命只有一次，但正因如此，才会发出耀眼的光芒。

用王阳明的话说，就是天下所有事，都是你心上的事。找回良知，播种在这片土地之上。从改变自己开始，到改变周围的人，改变国家，最后改变世界。

当我谈王阳明时，其实我在谈去私欲

>>

简单来讲去私欲有两个作用，第一是帮你透过现象看本质，清晰地把握事物的内在机理和运行规律；第二就是快乐。乐是心之本体，人只需明觉良知，不亏欠良知。

明朝嘉靖年间，兵部有个文官叫杨继盛，就是上疏请诛严嵩的那位。此人被整得很惨，后来弃尸于市。当然，严嵩一倒台，立马青史留名，成为后世景仰的人臣之表。

今天要讲的是另一件事，作为主战派的杨继盛。

朱元璋建立明朝后，蒙古人跑到塞北继续抵抗，史称“北元”。朱棣即位后，北元分裂为鞑靼和瓦刺，屡屡犯边，还在土木堡之变中把明英宗给俘虏了。

其实，农耕民族和游牧民族打仗，最大的劣势在于后勤保障。一般来说，一个汉族士兵身后往往跟着两三个转运粮饷的，机动性很差。而对于蒙古骑兵，一个人三匹马，一匹驼辎重，两匹换着骑，抢不到粮食就把马杀来吃。

故到了明朝中叶，只要出边一次，当年财政收入的四分之一就报销了，战果则少得可怜，因为人家那边只要看打不过，骑着马就跑了，比游击队还灵活。

但游牧民族也有个致命的缺陷，即它的经济生活受天气影响太大，一场大雪便可能冻死大半牲畜，于是只能南下去抢，不然没有活路。

不过打劫毕竟不是稳定的收入来源，而且你能抢人抢羊，却抢不到丝绸茶叶等日用品，因为大部队一到，老百姓早把值钱的东西带走了。

时间一长，蒙古人主动提出谈判，派遣使者对明廷说：我们不打了，做生意吧。

朝廷议论未定，杨继盛跳了出来，坚决反对和谈，跟蒙古人死磕到底，还上了一道《十不可，五谬》的奏疏，要求砍了主张“互市”的人的脑袋。

主张互市的大臣，第一个就是严嵩。

这件事讨论来讨论去，一直到隆庆帝登基，才达成《隆庆和议》。

随着贸易往来，延续 200 多年的蒙汉战争结束了，长城内外物阜民安，商业空前繁荣，朝廷每年节省的军费不下百万。

由此可见，流芳百世的未必不糊涂，遗臭万年的也未必不英明。只有跳出思维定式知人论世，才会发现好人和坏人的区分是没有意义的，只有做了好事的人和做了坏事的人。

而这一切，自“去私欲”始。

王阳明说：“吾辈用功，只求日减，不求日增。减得一分人欲，便复得一分天理，何等轻快洒脱，何等简易！”

这其实讲明了去私欲的两个作用，第一是帮你透过现象看本质，清晰地把握事物的内在机理和运行规律；第二就是快乐。用王阳明的话说，乐是心之本体，人只要明觉良知，不亏欠良知，则“自不觉手舞足蹈，不知天地间更有何乐可代！”

透过现象看本质，还举一个明朝的例子。

正德年间，秦王请求朝廷把陕西的一块边地赏给自己作封地。朝中重臣有收了秦王贿赂的，帮着他说话。皇帝也准备答应，安排大臣起草诏书。

内阁大学士梁储执笔，诏书如下：“太祖皇帝曾有遗诏，这片土地是不可以封给藩王的。倒不是因为吝啬，而是这块地丰饶广袤，多产良马，士卒刁悍，易生异心，如果有奸人煽风点火，对江山社稷将会大为不利。希望秦王在接受这片封地之后，千万不要放松道德约束，不要聚集奸佞之人，不要征兵蓄马图谋不轨。”

诏书反话正说，表面看没有忤逆皇上的意见，实际上做出了郑重的规劝。

正德阅后，大吃一惊，意识到问题的严重性，秦王封地的请求从此作罢。

这件事被冯梦龙编进了《智囊》，文末附有评语：“劝谏英主，讲是非对错往往是讲不通的，但不妨用利害关系来说动他。”

正德不但不是英主，思维方式还异于常人。如果你不能抓住他的核心需求或者说用户痛点，那任何劝谏都将是无效的。

佛把人的心境分为大我、真我、名我和身我四个层面。只有当你站在较高的层面，才能看清较低层面的事，知心然后用心。

比如“学成文武艺，货与帝王家”是皇帝在用读书人的身我心；比如古代文官死后，如果生前很牛，身后就要给一个谥号，类似曾文正公、李文忠公、张文襄公，这是皇帝在用读书人的名我心；再比如有句话叫“若她涉世未深，带她看世间繁华。若她心已沧桑，带她坐旋转木马”，后半句就是男人在用女人的真我心。

空杯子才能装水。只有内心空明了，才能容纳更多的东西。《传习录》有言：“虚灵不昧，众理具而万事出。心外无理，心外无事。”

意即当心达到“纯是天理”“虚灵不昧”的状态时，便能体察到万事万物的道理和规律。这同《大学》里的“知止而后有定，定而后能静，静而后能安，安而后能虑，虑而后能得”是相通的。

如果你一直努力却没有结果，说明方向可能错了。这时不妨先停下来，让心平定。定而静，静而安，安而虑，最后才能有所得。

我们都有这样的经验：当你晚上失眠辗转反侧时，其实大脑已非常疲惫，却怎么也无法入睡。这时，大脑为了营造一种运转的假象，还会把一些最不费劲甚至令人讨厌的东西循环播放，比如一句歌词，而实际上它已经快死机了。

现实生活也是这样。我们被各种私心杂念和消极心态形成的虚假自我压抑着，自身的潜能无法完全发挥出来。就像你打游戏的时候放大招，法师正在吟唱，却因中毒或混乱等状态而被打断。

《信息简史》一书定义了“信息疲劳”的概念，即“因为暴露在过量的信息当中而导致的漠然、冷淡或心力交瘁，尤其指由于试图从媒体、互联网或工作中吸收过量信息而引致的压力”。

信息焦虑会与无聊感同时出现，作者称之为“全噪声”。

书中还举了一个例子，说电话刚出现时，人们意识到可以通过电话立刻获悉刚刚结束的体育赛事的结果。于是，很多人选择给新闻机构打电话询问比赛结果，这让《纽约时报》不堪重负，不得不在头版登出告示，恳求读者“不要来电询问职业棒球比赛的比分”。

从这个角度看，媒体既是信息传播的工具，也是对现实世界的隐喻。人对世界的认知，很大程度上依赖于他所接触的媒体。

这就是现代人的悲哀之处：把信息当成了智慧。

信息不是智慧。说到底，把信息归纳总结为知识，也不是智慧。

现代人的阅读量已经远远超过孔子，虽然他号称“韦编三绝”。春秋时的文字记在竹简上，把全天下的竹简加到一起，也没有当今门户网站一周的信息量大。

北宋思想家张载做过一个界定：知识是“闻见之知”，智慧是“德性之知”。闻见之知可以通过读万卷书行千里路获得，德性之知则必须正心诚意，明心见性。

历代知识分子，宋儒的地位最高，嚣张到要跟皇帝共治天下。而宋儒里治“心性之学”的那帮人是瞧不起治“辞章之学”的。不要说柳永了，苏轼都入不了他们的法眼。

帝师程颐评价司马光时就说他不治心性之学，只会搞搞历史，离悟道还差得远呢。

其实，把“智慧”拆开来看，智是通过做加法得来的，知道的越多，应变能力越强，急中生智的可能性就越高；而慧是做减法，去除盖在真相上面的东西，看清事物的本来面目。

因此，智和慧的区别在于，前者只看到事物的不同，而后者却看到了事物的相同。

世事如棋局局新。在信息爆炸、难辨真假的当下，面对无限细分的学科、庞杂的知识体系、瞬息万变的互联网，总是关注不同，最后的结果就是被累死。

而只要找到自己的核心价值观，把握了人性深处共通的需求，那不管你做多少件事，其实都是在做同一件事。

明朝有个水利官员叫潘季驯，治理黄河总结出一套办法，几百年后的德国专家看了都五体投地。他也是考科举上去的，工部尚书。四书五经又不教怎么治水，全靠长期的实践和摸索，但能说他没有智慧吗？

台湾作家林清玄在一篇散文里提到，现代木匠最敬佩古代木匠的就是后者的心境。古代木匠工作时物我两忘，沉浸在对工艺至臻的追求当中，所以创作出许多令后世叹为观止的作品。

当我们处理问题或面对困境时，如果没有私欲的干扰，全身心投入到对事情本身的分析和解决上，那么内在的潜能就会被激发出来，无往而不利。

具体方法是反躬自问：“我做每一件事时，是不是还牵挂着许多其他事？我真正做到尽心尽力了吗？我的心有没有在自己的事业上？”

这就是“练心”，看似容易实则难，因为人经常被欲望左右，失去理智的判断。

故王阳明感慨：“破山中贼易，破心中贼难。”

但在一水之隔的日本，却有一个成功案例。

KDDI 是日本第二大电信运营商，它的创始人是被无数企业家奉为偶像的稻盛和夫。

1984 年，日本政府通过法案，允许民营资本进入通信领域，以加强市场竞争。稻盛和夫当时在美国看见一个员工频繁地打长途电话，提出质疑。随后查看账单时发现，美国的电话费极其便宜。

于是，已经 52 岁，在商界享有盛誉的稻盛和夫抱着“让日本民众用上价格低廉的电话”的信念，开始了第二次创业。

要知道日本彼时的第一大运营商 NTT 是垄断国企，行业巨头，而稻盛和夫对电信领域几乎一无所知。这样的竞争，无异于以卵击石。

在回忆录里，稻盛和夫说当时一再扪心自问，问自己参与通信事业是否“动机至善，私心了无”。他不断地怀疑，不断地逼问，最后终于认定：“我的动机是纯粹的，没有任何私心。日本即将迎来信息社会，要降低国民的通信费用，仅此一心而已。”

稻盛和夫的宏愿实现了，KDDI 也顺便进入了世界 500 强。这再次印证了中国的一句古语：人能弘道，非道能弘人。

卓越的人都是能够超越眼前利益的人，因为大多数人只能看见一米远的距离。那些能看到十米远的人，由于忽略了眼前的利益，一直盯着远处的目标。久之，往往便能成功。

其实，追求利益是社会发展和人类生产的原动力。但稻盛和夫认为，不能让这种欲望只局限在利己的范围里，而必须把对方的利益也考虑在内，以“大的欲望”为出发点谋取公益。这样一来，利他的精神最终也会为自己带来好处，而且比原先的更大。

用稻盛和夫的话说就是：“利他的德行，会形成一种跨越困难、带来成功的强大动力。这是我参与通讯事业过程中所得到的亲身体验。”

被误读的“知行合一”

>>

知行合一是一种自觉与自律，不受人的特殊期望和私欲的制约，也是人作为万物之灵长的最高价值。

光绪二十年，当郭庆藩委托王先谦给自己辛苦编纂的《庄子集释》作序时，后者竟然没有点赞，反而说了很多丧气话。

王先谦比郭庆藩大两岁，是当时的学界领袖，国子监祭酒，相当于现在的中央党校校长。

但人郭庆藩也是厅局级官员，还有个大名鼎鼎的伯父，洋务派大佬郭嵩焘。王先谦和郭嵩焘是忘年之交，经常切磋学术，没少互相吹捧，为什么单单对郭庆藩的这本书吝惜起溢美之词来？

因为该年发生了一件大事：甲午战争。

怀着对蕞尔小国日本的强烈不满，王先谦根本没心情给一本注释《庄子》的书写序。但他还是写了，不过通篇都是借“东夷之乱”的话题引申发挥，中心思想非常奇葩：对《庄子》这种书没必要下太大功夫。

王先谦在序言里“六经注我”地写道：“就算圣明如黄帝，君临天下时也有蚩尤作乱。黄帝不是好事之徒，但国还是要伐，兵还是要用，显然不可能真的以虚静之道治理天下。庄子想以虚静之道拯救乱世，却根本做不到，也就只好独立于寥廓之野，以求全身保命，悠然自得罢了，他那套想法哪可能施之于天下呢？”

“但《庄子》这本书在后世确实大大流行过。晋人从《庄子》发展出轰轰烈烈的玄学，可惜在应对‘五胡乱华’上一点用处都没有；唐代把本属‘子’书的《庄子》尊为‘经’书，经书本该有经世治国之用，但它对安史之乱可有丝毫正面的贡献？要说这部书的价值么，也就是帮君主清一清淫侈之心，帮小人物们看淡一些利益之争罢了。”

与其说在写序言，不如说在感时伤世。

甲午战败，时局动荡，王先谦的确很难让自己再去关注那些围绕着庄子的学术问题，他的心思已经完全聚焦到实用价值上了。

虽然这很不严谨，但正如释迦牟尼那个著名的比喻一样：当你被一支致命的毒箭射中，首要之事应该是保命，而不是去费心调查射箭人的种族、身份、姓名以及他那张弓的材质与制作方式。

因此，王先谦在序言里反复追问庄子的一句话就是：“怎么办？”

儒家传统，学术的目的是平治天下，凡是回答不了“怎么办”的学问都是没有价值的。

问题是王先谦毫不客气地奚落庄子，唯独忘了问问自己：“你们治儒家‘十三经’的难道就知道该怎么办吗？”

答案是否定的。

王先谦在晚清官场经常扮演反动学术权威的角色，早年反对轮船招商局官督商办，要求朝廷收归国有，把李鸿章气个半死；上了年纪又跟维新派死磕，天天咒骂康有为和梁启超。

无论康梁还是王先谦，知行合一都像是一个遥不可及的梦。

对比古希腊哲学和先秦诸子百家，前者的形而上思辨很多，而后者更关注现实问题。孔子的弟子子贡就说：“夫子之文章，可得而闻也；夫子之言性与天道，不可得而闻也。”

意即“性命之学”不是孔子关注的重点。什么叫性命之学？“性相近矣，习相远矣”，人性本善还是人性本恶，在孔子那没有明确答案。

很多人以为孔子的学说就是讲讲伦理道德。其实孔子身处的时代，礼崩乐坏，士人最关注的是政治问题，思考如何终结乱世，儒家也不例外。

一次，孔子驾车来到楚国，偶遇著名隐士接舆。

李白有诗曰：“我本楚狂人，凤歌笑孔丘”，说的就是这个人。

接舆冲着孔子唱歌：“凤兮凤兮，何德之衰？往者不可谏，来者犹可追！已而，已而！今之从政者殆矣！”

即“凤鸟啊凤鸟，你的德行为什么衰退了呢？过去的事已不能挽回，未来的事还来得及呀。算了吧，算了吧！如今那些从政的人都危险啊！”

孔子赶紧下车，想同这个婉言规劝自己不要求官的狂士交谈，结果接舆拔腿就跑。

其实就连知其不可为而为之的孔子，面对天下无道的局面也禁不住赌气说："道不行，乘桴浮于海。"由此可见，开馆授徒只是退而求其次的选择，有条件他还是更愿意去玩政治，诛少正卯的。

孔子被后世尊为"素王"，即"有帝王之德，而无帝王之位"。

如此遗憾，可见知与行的统一，是很多读书人的焦虑，也是天子的焦虑。

隋炀帝在历史上堪称极品混蛋，弑父、淫母、杀兄、幽弟、荒淫、残暴，无恶不作。

但问题来了：一个人想要达到圣人的境界，很难；可要想坏到头顶长疮，脚底流脓，也不容易。

当坏蛋你得泯灭人性，也是件劳心劳力的事，至少你要很勤奋，机关算尽。所以，现实生活中，碌碌无为的好人多，大奸大恶的坏人少。

关于杨广的记载，很多都像奇幻小说。比如《资治通鉴》就说，有一年隋炀帝他妈死了，杨广表面上痛哭流涕，暗地里谈笑风生；表面上吃斋念佛，暗地里让人把鱼和肉装在竹筒里，拿蜡封了口防止气味扩散，偷偷送到宫里。

杨广避开所有人，躲起来吃。

且不论人家母子关系很好（有史料为证），杨广一个从小锦衣玉食的皇子，至于在亲娘死的时候冒着巨大的政治和伦理风险，就为了吃那么一口肉？

再比如，魏征写的《隋书》里说杨广率领五十万大军南下灭陈。

陈后主有个宠妃叫张丽华，国色天香。漂亮到什么程度呢？有诗为证：“门外韩擒虎，楼头张丽华”。

隋将韩擒虎已经快打入金陵城了，陈后主还在楼上跟张丽华寻欢作乐。

于是魏征发挥想象，说杨广色心大动，直接把张丽华抢到了自己帐中。

张丽华的儿子当年 15 岁，她本人已经奔四了，即使 20 岁的杨广是“御姐控”，但他毕竟只是一个普通的皇子，不是太子，正处于夺嫡的敏感期。灭陈对杨广来说是塑造政治形象的重要工程，而张丽华在当时的舆论里是人尽可夫的荡妇，正常人都不会贴上去自黑，杨广更不可能连这点政治觉悟都没有。

历朝历代，对前朝的否定都是一项系统性的工作。但一般而言，抹黑的都是前面的统治集团，对皇帝个人反而经常抱有理解之同情，比如汉献帝和崇祯。

但隋唐易代很特殊，杨家和李家本质上是一伙的，从北周到隋，再到唐，同属一个政治集团，叫“关陇集团”。

李唐不能否定集团的合法性，只能把所有的脏水往隋炀帝身上泼。

杨广 20 岁平定江南，在扬州当了九年的江南总管，礼贤下士，整理文化，是凭扎扎实实的政绩在开皇二十年当上太子的。

举行册封大典前，杨广跟他爹说，我不穿太子服，因为同您老人家的衣服太像，容易被人误会。而且，我建议以后太子宫里的人对我不要称臣。您才是唯一的主上，只能对您称臣。

杨坚非常感动。

隋炀帝即位之初干了三件事，每件都大快人心。

首先，修订《大隋律》，把老皇帝临死前颁布的那些严刑峻法全部废除，包括谋反大罪里的“连坐”。你造反就杀你，跟你家人没关系；

其次，普免天下钱粮，后来还一再降低税率；

最后，开科取士，施行文治。

当然你会问，既然隋炀帝这么圣明，最后怎么亡国了？

因为知行不一。

杨广亲自圈定了年号，千秋大业的“大业”，气势磅礴。

然而，君主的千秋大梦却成了无数人的噩梦。

为了在洛水之滨修建帝国全新的都城洛阳，征发百万民夫；为了开凿大运河的一期工程，又征发百万民夫。

至于打造南巡的万艘大船，挖掘一千里长的堑壕，更是家常便饭。

也是杨广运气好，上任的头五年里风调雨顺，财源滚滚，天下人口达到四千万，是贞观之治时的三倍。

向使当初身便死，杨广的历史评价多半也是千古一帝。

可惜大业五年，杨广在朝堂上宣布了一个决定：发兵辽东，攻灭高丽。

这一打就不可收拾。第一次战役便动员了一百多万士兵，背后转运辎重粮草的民夫不计其数。

当时的大运河从江南一直修到河南，为了输送粮饷，又从河南修到涿州。男人不够用便征发妇女，使镐头、刨运河，举全国之力，猛扑高句丽。

打赢倒还罢了，没想到高丽极为凶悍，诱敌深入。隋军在平壤附近大败，最后溃退回国内的不到三千人。

此前，杨广从未吃过败仗。他一头钻进御帐，半个月都没出门。

牛皮已经吹了出去，洛阳正准备迎接凯旋之师，外国使节都在那候着，怎么交代？

输了啥也不能输了面子，这是杨广得出的结论。他走出帐篷，宣布第二次东征高丽。

这就是作死的节奏了。

唐太宗后来也打高丽，一看打不过，不打了，自我反省说魏征不在了，要是他还活着，我绝对不干这一仗。

杨广却不知道收手，因为恼羞成怒，觉得尊严受到了冒犯。

第二次东征动用的民力是第一次的两倍，这成为压死骆驼的最后一根稻草。李密、杨玄感、瓦岗寨全冒了出来，天下大乱。

由此观之，隋炀帝同后来明朝的万历、天启不太一样，既不与民争利，也不消极怠政，但下场比那二位还惨，为什么？

私欲作祟，知行不一。

杨广不贪不占，只想当明君圣主。然而，名是形而上之利，利是形而下之名。杨广求名之心太重，忘了“民贵君轻”的圣贤之教，最后离心离德，身死人手，为天下笑，向我们传达了这样一条道理：哪怕初衷是美好的，但因欲望的扭曲，知行一分为二，最后只会得到一个事与愿违的结果。

或问：知行合一为什么会被误读？

因为“绝对命令”与“假言命令”。

这是康德哲学里的命题。他认为如果一个行为，只是在作为一种达到其他目的的手段时才是好的，这一命令就是假言命令；如果这个行为本身就代表着善，又符合你的自由意志，那它就是绝对命令。

举个例子。

一个毫无社会经验的小孩走进一家杂货店买面包。店主可以多收他的钱，因为小孩对面包的价格缺乏认知。可是店主意识到，如果有人发现他在占小孩子的便宜，这件事就会传播开来，从而影响到自己的生意。有鉴于此，他决定按正常价格收费。

可见，店主做了正确的事，但动机却是为了保护自己的名声。这种为了自我利益而不是良知本身才选择诚实的举动，在康德看来就是假言命令。

再比如，很多专家学者在解释为什么我们需要致良知时，给出的理由是“人与人之间的信任成本越来越高，一个缺乏诚信和底线的社会迟早会崩溃”。

在康德看来，这也是假言命令。

呼吁诚信没错，但为了诚信而诚信和为了维护社会秩序而诚信，两者之间还是有差别的。康德认为，只有当你的立场、动机和行为完全一致时，才能称作绝对命令。

绝对命令就是知行合一，即“因为某件事本身是正确的，不是因为它有用或能带来其他的便利而去做它”。

对康德而言，一个绝对命令是无条件的，是不涉及或依赖于任何进一步的目的而发出的命令。“它与这个行为的内容及其预期目的无关，而与这个行为的形式和产生这一行为的原则有关。这一行为中，本质性的善在于意图，而无论结果如何。”

当然你会问，这有什么意义呢？当个清教徒？

如果你当面问康德，他会告诉你：“一个好的意志之所以好，并不是因为它所达到的效果或成就。即使它完全没有力量来实现其目的，即使付出了最大的努力却依旧一事无成，它也仍然像珠宝一样因其自身的缘故而熠熠发光，就像那些本身就拥有完整价值的事物。”

康德不厌其烦地论证绝对命令，其实是针对 18 世纪甚嚣尘上的功利主义者而言的。

哈佛大学教授桑德尔在《公正》一书里举了个例子，说你是一辆有轨电车的司机，看见前方五个工人正手持工具站在轨道上。你试图停车，却发现刹车失灵，只好眼睁睁地看着他们被撞死。

突然，你注意到右边有条岔道，轨道上也有人，不过只有一个。

你意识到，可以将电车拐向岔道，撞死那个人，拯救另外五个人。

怎么选？

或者再极端一些，告诉你岔道上那人是个杀人犯。

如果是功利主义的代表边沁，很容易选。因为边沁的主张就是社会整体利益的最大化，当然牺牲一个救五个。

但康德不作此想。他认为每个人都是一个理性的存在，都是目的本身，而非这一种或那一种意志所任意使用的手段。他提醒读者，人不仅具有相对价值，更具有绝对价值、本质性的价值，而这，才是人与物之间最根本的区别。

从另一个角度看，也只有当你的行为与绝对命令一致时，你才能够说你是自由的。因为，无论什么时候，当你依据一个假言命令行动时，你都是屈从于某些外在加诸你的利益或目的，并没有真正的自由。

假设你的兄弟死于一场车祸，年迈多病的母亲又向你询问起他的近况，那你是告诉她事实还是为了不让她承受痛苦而隐瞒事实？

很多人可能倾向于后者，但康德肯定的是前者。

在他看来，重要的不是你和你的母亲在这种情形下会有什么感觉，而是把人当作值得尊敬的理性存在加以对待。因出于关心她的感受而对她撒谎，其实是将她当作满足她自己的一种手段。

知行合一是一种自觉与自律，不受人的特殊期望和私欲的制约，也是人作为万物之灵长的最高价值。

欲望是把双刃剑

>>

人必须能支配自己，才可能获得真正的自由。而这一切，都自去私欲始。

某日，看手机时腾讯新闻突然弹出一个消息，说中国传媒大学教务处处长受贿，判刑四年。

这个老师教过我，姓张，是一个有气质、有情怀、有思想的好老师。把时间往回拨十年，如果你告诉我和我的同学张老师将职务犯罪，他们只会回复你一句“Are you kidding me？”

因为她，我懂得了“现实主义文学是对冒险的叙事，现代派文学是对叙事的冒险”。因为她，我仿佛看到莫干山会议上激扬文字的青年学者，看到黑豹乐队在排练《无地自容》；我仿佛看到查建英笔下的八十年代，吴文光镜头里的《流浪北京》；我仿佛看到电影《顽主》中惊世骇俗的时装走秀，看到一个大学生在夏日的午后捧读《走向未来丛书》。

每当她讲到动情处时，八通线的列车总是从窗外经过，发乎轰隆轰隆的声响——那是梦开始的声音。

然而这一切，现在结束了，就像顾城在激流岛用盘古斧爽利地劈死了自己的妻子，劈碎了一个时代。

文字是魔道。

越是融入情感，推敲用词，探究表达，入魔越深。所以凯鲁亚克要靠嗑药才能写出《在路上》里飞驰般的句子；而金庸不沉迷于酒色，所以他笔下的爱情跟古龙比起来，干净得就像过家家，更塑造不出林仙儿这么深刻复杂的角色。

人性如不测之渊。

作家清楚，在那片幽深之处，隐藏着摄人心魄的力量，于是甘愿用自己的生命去献祭，交换蛊惑人心的法力。因此，弥尔顿即使双目失明，也要坐在黑灯瞎火里写十四行诗。

许多伟大的艺术作品并不是为了弘扬所谓的正能量、真善美而存在的，比如波德莱尔的诗和陀思妥耶夫斯基的小说。在正常人看来，《追忆似水年华》就是一部病人的臆想，瓦格纳的歌剧会激起暴力与杀戮。高更的故事被毛姆以浪漫的笔触写进《月亮与六便士》，可要是此等抛家舍业、不负责任的人恰巧是你的丈夫或亲友，你只会被他折磨得怨声载道。

艺术家的道德底线往往比普通人更低。因为道德是保守的游戏规则，约束人与人之间的基本交往，而艺术作品所要探讨的话题远在这一边界之外，甚至要去描绘恶与黑暗。

作者的黑暗面对作品来说很多时候是不可或缺的，但《博德之门》说得好，当你凝视深渊时，深渊也在凝视你。

与黑暗纠缠过久，屠龙少年终于也变成了龙，变成了他自己曾经反对的那个人，就像阿纳金变成了达斯・维达。

张爱玲在《金锁记》里讲过一则类似的的寓言。

曹七巧年轻时伶牙俐齿，敢爱敢恨，可惜因为家境贫寒被父母逼迫嫁给了残疾的姜家二少爷。她喜欢的是姜家老三姜季泽，为了接近心上人才委曲求全答应了那门亲事。

可惜，姜季泽是个游手好闲，胆小怕事的公子哥。他虽对曹七巧有感情，却在伦理纲常的压迫下不敢直面她的暗示。

后来，姜家败落了，姜季泽来找曹七巧，想跟她重续旧情。但两人刚刚才在分家会议上发生过争吵，加之姜季泽一向挥霍无度，曹七巧便疑心他是来图谋自己财产的。

那是何等荒诞的一幕：面对自己最爱的人，曹七巧千方百计地试探他，看他到底是真心回头还是贪图她的钱。不堪一击的姜季泽经不住咄咄逼人的拷问，被曹七巧打骂了一通，撵走了。

更可悲的是，曹七巧的爱情悲剧轮回到了她女儿长安身上。唯一不同的是，受害人变成了加害者——长安在母亲的百般阻挠下和留学青年童世舫分手。

宿命的枷锁中，无数破碎的灵魂在暗夜里痛苦地呻吟着，得不到救赎。张爱玲用苍凉的笔调在小说的结尾冷漠地写道：“三十年前的月亮早已沉了下去，三十年前的人也死了，然而三十年前的故事还没完——完不了。”

为什么人一定要把前人走过的歧路再走一遍？为什么人类从历史中学到的唯一教训就是“以史为鉴是不可能的”？

这让我想起一部根据真实事件改编的电影《荒野生存》。

1992 年，在阿拉斯加一片荒无人烟的密林深处的一辆废弃巴士里，一对路过的情侣发现了一具腐烂的尸体。

经警方调查，死者名叫克里斯，二十出头，名校毕业的大学生。

克里斯家境优越，但从小生活在父母无休无止的争吵与打斗之中。他强忍愤怒，暗下决心：一旦时机成熟，就同原生家庭断绝关系，彻底从他们的生命里消失。

大学毕业的那个夏天，克里斯没有告诉任何人，悄无声息地开始了自己的西部之旅。他烧掉了身上的现金，风餐露宿，一路漂泊，瘦了 11 公斤，却容光焕发。

他认为，冒险精神是生命的核心，快乐的本质源于发现新的世界。

呼吸着自由的空气，克里斯义无反顾地走进了阿拉斯加的茂林，只带着 10 斤大米、两块三明治和一袋玉米片。

趟过一条小河，经过三天的跋涉，克里斯发现了落脚的好地方——一辆废弃的巴士。

他兴奋不已，以为发现了自己的瓦尔登湖，于是志得意满地安顿下来，过起了远离文明社会，自由快活的日子。

然而，食物很快吃完，打猎也不顺利。即使偶有所获，也无法提供足够的热量。好不容易捕获一只庞大的驼鹿，亦因保存不善，迅速腐败。

随着天气转寒，猎物越来越少，穷途末路的克里斯开始考虑离开。不过，当他回到来时的那条小河时，发现河水暴涨，迅猛湍急，根本无法泅渡，只好打道回府。

弹尽粮绝的克里斯靠采集浆果充饥，却误食了发霉的野生马铃薯，中毒倒下。濒死之际，他徒劳地在巴士外侧贴了一张求救纸条，落款放弃了曾经狂妄的绰号“亚历山大超级流浪汉”，用回父母给他取的名字。

接着，克里斯爬进母亲替他缝制的睡袋，绝望地死去。

仅仅四年后，另一场相似的悲剧在珠峰南坡上演，夺去了十二条人命，成为珠峰攀登史上最惨重的灾难。

山难发生的一个重要原因在于领队罗伯・霍尔的心软。

爬珠峰有一条不成文的规定，即下午两点之前如果没有登上最后一道难关“希拉里台阶”，则必须下撤。否则太阳落山前将赶不回四号营地，队员会死于失温。

罗伯・霍尔的队伍里有个叫道格・汉森的人，当其他队员已经登顶返回时，体力不支的他还在希拉里台阶下方气喘吁吁地排队。时间已不允许，但罗伯・霍尔经不住道格・汉森的苦苦哀求，还是冒险将他带了上去。

这主要基于两方面的原因：

一是道格·汉森前一年也参加了这支登山队，但在距离顶点 300 米的地方被罗伯·霍尔劝返。今年的登山季开始前，罗伯·霍尔说服他再试一次。为了支付昂贵的团费，本职工作是邮差的道格·汉森同时打了两份工拼命攒钱。因此，罗伯·霍尔对自己的这个客户多多少少一些亏欠心理。

二是道格·汉森的年纪已然不轻，这次再无功而返，不管是体能还是财力，都将与珠峰无缘。

两人登顶时已经是下午四点，在下撤途中遭遇了暴风雪。氧气用尽后，道格·汉森神志不清地解开路绳，滑坠而亡。罗伯·霍尔则被困在希拉里台阶的上方，经过一宿，活活冻死。

而由于领队不在身边，其他队员也在返回四号营地途中死伤惨重。

这件事令人唏嘘的地方在于，罗伯·霍尔一向以严谨著称，从未出过安全事故，此行也一直不厌其烦地强调下午两点的“关门期”。然而，打破规则的恰恰是他本人。

巅峰对于登山者而言到底有多致命的诱惑，或许可以从传奇登山家乔治·马洛里回答《纽约时报》的提问中得到答案。彼时，记者问他为什么要攀登珠峰，马洛里的回答是“因为山在那里”。

这句话成为无数登山者的座右铭，即使他们明知马洛里说完后不久就葬身于珠峰，遗体直到 75 年后才被发现。

那么问题来了，梦想、自由和爱情这些美好的词汇，究竟有没有边界？梦想是连希特勒都有的东西，而每一个小三都宣称自己追求的是爱情。

曾几何时，我以为这个世界上除了爱情还有道德和责任，等踏入社会才发现并非如此。人们似乎在倒着活，活成了类人孩、巨婴，丧失了基本的是非判断。

如果你的自由侵犯了别人的自由，那它多半是私欲；而有梦想并没有错，但强迫他人甚至世人都活在你的梦想里，就大错特错了。

这涉及到一个话题：就最后的落点而言，王阳明其实更像朱熹而不是陆九渊。

王阳明和朱熹都讲“去私欲”，但二者对“私欲”的定义有所不同。儒家把人心分为“性”和“情”，性即人性，即孟子所说的“仁义礼智”；情就是七情，喜、怒、忧、思、悲、恐、惊。

朱熹认为只有人性才是符合天理的（性即理），因此主张“性其情”；而王阳明则认为人性和七情都符合天理（心即理）。在他看来，七情就像天上的浮云，往来聚散很正常，只要适度发泄，不要凝滞于胸便好。

人是情感动物，哭和笑都是在宣泄情欲，对身心调和大有裨益。理学家否定七情，就是否定有血有肉的人，最后培养出来的要么是伪君子要么是文质彬彬的恶棍。没有共情能力的人，占有的社会资源越多，危害越大。

而心学家以天理为指南针，指引正确的人生方向；以七情为加速器，用情感的冲动驱策自己和周围的人扬鞭奋蹄，最后成就伟业。

只有承认七情，才能接纳真实的自我，理解他人的需求，成为一个活生生的人而不是机器。

另一方面，情之“过”与“偏”则是私欲。比如失恋的人，痛苦一两周还算正常，要是一两年都走不出来，就是过了；再比如有人的父亲去世了，他却欢天喜地，这不符合人之常情，就是偏了。

王阳明眼中的私欲，即过度和扭曲的七情。

情感的不适度发泄是分散和浪费。如果不约束自己的情绪以养精蓄锐，就无法获得情感所产生的质量和速度。当真正需要用情时，便难以收放自如甚至失控，被情绪驱使，被外物奴役，得意时喜不自禁，失意时怒气冲天。

一旦为泛滥的情绪主宰，你就很难活在当下，执着于事，终将黑白不分，碌碌无为。

人必须能支配自己，才可能获得真正的自由。而这一切，都自去私欲始。

私欲多为妄念。妄念者，依靠他人才能实现的心愿。不把胸中的妄念扫除廓清，形成“无所待”的生活态度，就很难全神贯注于手头的事，也就基本与成功无缘。

无论是我的大学老师、曹七巧还是克里斯、道格·汉森，我们对这个世界都怀有深深的执念，都想改变自己的命运。为此，我们一头扎进红尘。有的人选择当禽兽，臣服于欲望，最后成了命运的奴隶；有的人选择相信良知，不屈不挠，最后获得了自由，走出了自己的路。

良知感应神速，有雷霆般的力量，一切虚实善恶在它的烛照下都无所遁形。一事当前，按照它的断喝坚定去做，不要犹疑和过度思考，便是知行合一。

这样走下去，就是一条积极进取、自尊无畏、乐观充实的光明之路。

见

第二章　见天地

>> world

> 你必须投入到广大的世界里，不管你是喜欢还是不喜欢它。

信息简史：
我与十方世界

>>

你必须投入到广大的世界里，不管你是喜欢还是不喜欢它。

1872 年，“晚清四大冤案”之首的“杨乃武与小白菜案”爆发，创办仅一年的《申报》为迎合市井八卦而介入，全程追踪。随着事态的发展，报道逐渐体现出新闻的监督性。

《申报》跟踪三年，刊文 60 余篇，使案件产生了广泛而巨大的社会影响，其刊发的文章甚至成为朝廷处理此案的信息来源。

最后，《申报》的记者见证了刑部开棺验尸、案情真相大白的历史瞬间：“观者欢呼雷动，大叫‘青天有眼’。”

1882 年，李鸿章口中的“不世英才”王韬在《循环日报》上大谈英国的议会民主制，称“中国欲谋富强，固不必求他术也”。以此为信号，报纸议政的时代翩然而至。

1908 年，当清政府试图扼杀出版自由，颁布《大清报律》时，发现舆论的控制权早已易手。纸媒强烈反弹，天子脚下、采用北京白话的《正宗爱国报》甚至公然嘲讽道："什么叫《报律》呀？简直的外号儿就叫收拾报馆，堵住报馆的嘴，不准你说话，就是《报律》的真精神。"

1911 年，邮传部尚书盛宣怀主持铁路收归国有。因罔顾民意，激起"保路运动"。《蜀报》刊文痛批："有生物以来无此情，有世界以来无此理，有日月以来无此黑暗，有人类以来无此野蛮……嗟呼盛尚书，川人诛不尽，尔亦徒劳矣！"

三个月后，武昌起义爆发，齿冷的报馆集体倒戈，替清廷说话者几不可寻……

1895 年，当电影在卢米埃尔兄弟手中诞生时，其承担的使命无非是对客观存在的真实记录。然而，20 世纪初云谲波诡的世界形势使之沦为政治宣传的工具。

《一个国家的诞生》因导演格里菲斯首次大量使用蒙太奇而名垂影史，但它宣扬的种族主义和对 3K 党的美化在今天看来则显得幼稚和偏激；讲述无产阶级反抗沙皇暴政的《战舰波将金号》政治正确，气势磅礴，一场敖德萨阶梯的平行蒙太奇被世人津津乐道了近百年。可惜，爱森斯坦过于主观的批判和教化意识让影片看起来更像是高喊口号的革命文学，一旦政治风向转变，难免黯然失色。毕竟，艺术的魅力是留白而非说教。

作为纪录片的开山之作，《北方的纳努克》给导演弗拉哈迪带来了无穷无尽的声誉。然而，这部反映爱斯基摩人日常生活的片子却充斥着精心的设计与摆拍。比如，纳努克早就习惯了用猎枪捕猎，弗拉哈迪却故意让他重操鱼叉，在镜头前表演“传统”；再比如，为拍摄纳努克一家起床的过程，弗拉哈迪竟把人家的冰屋削去一半，以增强照明——所有的手段都为了迎合观众对异域风情的猎奇心理。

如果说《北方的纳努克》仅仅是想象的产物而非真实的记录，那里芬斯塔尔为纳粹德国拍摄的纪录片《意志的胜利》则近乎助纣为虐了。此片在艺术上的彪悍与成功毋庸赘言，一个电影学院的教授甚至不敢将其在课堂上全部播放，理由是“力量太强大了，我担心我的学生看完后会变成真正的纳粹。”

事实上，《意志的胜利》是对“广场效应”最好的诠释。

勒庞在《乌合之众》中写道：“广场上欢呼的那些老百姓，是一群非常简单的动物。他们只能接受一个非常简单的情绪，要么极好，要么极坏。”

的确，在群体之中，个体的人性会被湮灭，独立思考的能力也会丧失，被群体意志所取代。正如泰戈尔当年在日本所见：“全体人民听任政府整顿他们的思想，削减他们的自由。人民愉快而焦急地接受这种普遍的精神奴役，因为他们渴望将自己变成一架叫作‘民族’的机器。”

于是，在“国家”的名义下，硫磺岛两万日军战至山穷水尽，集体玉碎；冲绳战役里满载炸药，只携带单程油料的神风特攻队飞蛾般扑向美军航母，搞自杀式空袭。一切都如电影《浪潮》里的那则预言：集体无意识的魔盒一旦打开，世界同专制的距离只有五天。

二战后，最后一个日本兵在菲律宾的丛林被发现。他不相信日本已于 30 年前投降，顽固地执行着上司遗留下来的命令，坚持打游击。

从这个角度看，权力的本质就是对信息的垄断。而这种垄断，不仅是自上而下，也是自下而上的。

俄皇叶卡捷琳娜二世的情夫波将金公爵为人八面玲珑。一次，女皇沿第聂伯河巡视，为了邀功，波将金干了一件颇具创意的事：下令把自己治下的贫困农村装扮成一片繁荣的模范村。自此，西谚里多了一个词——波将金村，指代弄虚作假的样板工程。

自约翰 · 密尔在《论自由》中写下"那些被迫噤声者，言说的可能是真理。否认这一点，意味着我们假设自己永远正确"后，人们终于意识到，真理只有在思想市场上才能得到最充分的检验。

当"批评不自由，则赞美无意义"深入人心时，强势如杜鲁门也只好写信向家人抱怨，说自己被新闻界折磨、纠缠，除了一忍再忍，无法可想。

但在信末，他写道："扛不住热，就别进厨房。"

1965 年，美国参众两院通过《信息自由法》，要求政府部门公开信息。约翰逊总统一拖再拖，最后极不情愿地签署了法案，因为他意识到，随着时代的进步，暗箱政治终将失去容身之所。

从互联网到移动互联网，人与信息的关系愈发由被动接受变为主动生产。再颟顸的统治者也逐渐明白，如果每个人都能享有一份发言权，即使是毫无理性的人或极端保守的人也不例外，那么人性的良知将会在所有可能性中进行挑选并做出正确的抉择。

没有一个文明是因为其公民了解了太多的真理而招致毁灭的。

事实上，世间矛盾的根源恰恰来自于人与人之间的误解。许多信息在传递的过程中衰变与耗散掉了，由此导致的沟通障碍甚至让美苏几乎爆发了如《奇爱博士》里所描写的荒诞不经的核战争。

“漏斗效应”是管理学上的著名理论——当企业管理者将指令传达给部门总监时，由于思维方式、理解能力的差异，大约会有 20% 的信息衰减。而部门总监再向下传达时，又会有 20% 的衰减。等最后到达具体执行者，宛如漏斗，他的理解已与老总的初衷相去甚远。

而技术的发展就是要消除交流中的滞碍，抹平传播学里的“知沟”，使信息共享的效率和价值最大化，避免“意中有，语中无”。

然而，新媒体带来的信息爆炸并没有使“我”和世界的关系更平等、更融合。人们无法在喧嚣的社交媒体上找到一条独立思考的路径，更多的是成为情绪的奴隶和偏见的附庸。人们轻易地看到了有钱人的生活方式，并在内心与之比较。人性的丑恶被空前放大，但这激起的不是悔改与反思，而是更多的人内心的阴暗。

社交工具使人能够随时随地同任何人交流，但相顾无言玩手机的聚会、表白分手靠微信的男女宣布了一个无情的事实：人们的距离不是更亲近，而是更疏远了。

三十年前，波兹曼在《娱乐至死》里剖析了娱乐篡位的全过程，从报纸到电报，照片到电视。在他笔下，被广告淹没、被声色犬马的多媒体蒙蔽了双眼的人类忘记了阅读、忘记了思考，只由碎片化的概念所驱动，做着不由自主的事——索尔仁尼琴再也不用控诉古拉格群岛，日渐趋同的人们整齐划一地登上了新的专制之岛。

信息爆炸等于没有信息，科技如何更好地连接人与世界？

英语中有个词“蓝牙讨厌鬼”，指那些整天戴着蓝牙耳机到处打电话，喋喋不休似乎永远也停不下来的人。君子役物，小人役于物。不管增强现实还是虚拟现实，技术永远无法取代现实，就像歌德对他那个不愿参加贵族聚会的弟子所说的那样：

你必须投入到广大的世界里，不管你是喜欢还是不喜欢它。

人类文明的所有价值，在于人相信他有自由意志

>>

人之为人，在这座亘古悠远的黑暗森林中如果还有什么值得追求的囊萤之光，那便是“意义”。

假如给你 100 亿美元，条件是你必须在一个空无一物的无限二维平面呆一万年，无法死亡，无法终止实验。

你会干吗？

一万年只是针对试验者的心理时间，通往二维平面的门外，正常世界只过去了一天。同时，当试验者走出这道门时，会自动被机器洗去门内的记忆。因此，当后来者询问其感受时，他只会因巨额奖金即将到手而兴奋道：“无比美妙”。

另一个思想实验是说未来有一项黑科技，能把人以光速传送。它的工作原理很简单：你走进“出发室”，设置目的地。比如从成都出

发，去到北京。选择好后，按下按钮，出发室的设备开始扫描你的全身，把构成你的每个原子的精确信息都记录下来。扫描的同时，也将你所有的细胞逐一摧毁。

很快，你消失了，设备把收集到的信息发送给北京的“到达室”。到达室利用这些数据，像 3D 打印机一样分毫不差地把你的身体重新构造出来。

你走出到达室，感觉跟刚才在成都的出发室没有任何区别——心情没变，肚子有点饿，想快些玩到新一代的后启示录电脑游戏《辐射》。

整个过程只需要五分钟，“瞬移”的过程也“碉堡”了——你按下按钮，眼前一黑，睁眼便到了北京。

在未来，这是大家出行的首选，比地铁还安全，却方便了何止百倍。

这天，你又要从成都去北京了。你按下熟悉的按钮，听见熟悉的扫描声，但熟悉的“眼前一黑”却没有出现。你走出出发室，发现自己竟然还在成都。

于是你找到客服，告诉她出发室的设备坏掉了。

客服看了眼记录，说：“扫描设备工作正常，它收集了你全部的数据，不过原本和扫描同步工作的细胞摧毁设备好像出现了故障。”

“不可能，我明明还在这里啊！我上班要迟到了，你快给我换一间出发室。”

客服打开监控录像，上面是你在北京走出到达室的画面。

“不，扫描设备确实正常工作。你看，这是你在北京的画面，看来你不会迟到了。”

你怒了：“但那个混蛋不是我，我明明还在这里啊！”

听到吵闹，客服经理走了过来，把客服的话又向你解释了一遍。他说：“你不用担心，我们只要把你送到另一间出发室，然后单独启动细胞摧毁设备把你摧毁就好了。”

虽然你每天上下班都要被这么毁来毁去，早已习焉不察，但这时你却慌了：“等一下，不能这么做！我被摧毁？那不就是死了吗？”

经理指着监控微笑道：“先生不用担心。您看，您在北京活蹦乱跳着呢。”

你更慌了：“但那不是我啊，只是我的一个复制品，我才是真的我，你们不能摧毁我！”

客服和经理无奈地对望了一眼：“很抱歉，法律规定你必须被摧毁。我们不能在不摧毁出发室的身体的情况下就在到达室构造一个身体。”

你愣住了，反应过来后拔腿就跑。这时，警卫抓住了你，把你拖向另一间出发室……

《物演通论》一书认为整个宇宙 138 亿年和整个生物界 35 亿年的演化历史无非一个总趋势：越来越分化。所有的存在物越来越复杂、强大，但存在度越来越低。

凯文·凯利的立场与此相同。无论《失控》还是《必然》，他都秉持着这样一个观点：既然组成我们身体的细菌、组织以及在基因里潜藏了上百万年的逆转录病毒等微小生命体可以构成一个人，那人为什么不能借由科技的连接，汇总成千上万颗大脑的智慧，像机房中排列成矩阵的服务器一样，在信息的海洋中构造出一个更为庞大的生物？

35 亿年前，生命开始出现，单细胞生物作为地球的一锅原汤，踏上了构建复杂的多细胞生物的漫漫征程。今日，我们也许是另一锅原汤，正在构建一个人类无法理解的生命体。

它可以叫人工智能，也可能叫别的什么。千百年后，每个人都是它的细胞。它看待那些不甘自己命运而造反的人类，就像我们今天看癌细胞一样。

在通往这个结果的中程，我们会经历类似《攻壳机动队》所描绘的那个阶段——人脑直接联网，身体的所有部位都可移植。理论上，人实现了永生不死。

但随之而来的问题是人对自我与存在的深刻怀疑。到底什么才能确证“我”？肉体、记忆还是思维？既然人脑已经联网，你怎么保证自己熟睡时不被黑入虚假的信息？

熵增是自然铁律，世间万物都在趋向混乱，毁灭是全人类乃至整个宇宙逃无可逃的宿命。就像《死神永生》中所说的那样，死亡是唯一一座永远亮着的灯塔，不管你向哪里航行，最终都得转向它指引的方向。

一切都会消逝，只有死神永生。

然而，人之为人，在这座亘古悠远的黑暗森林中如果还有什么值得追求的囊萤之光，那便是“意义”。

所有的图书馆，都保存着人类为熵减做出的最大努力；所有的真爱，都铭刻着一个人对另一个人最纯洁的善意；所有的艺术，都寄托着人类对美好事物最真挚的憧憬——不求昔在永在，唯愿曾经拥有。这样，在一个人临死的时候，面对意识的消亡和意义的消散所带来的巨大恐惧，至少能多一丝宽心，少一分遗憾。

世间生灵，之所以宝贵，皆因有太多的出乎意料。若事事被人料定，连看什么、买什么甚至想什么都被“大数据”锁死，人活着还有什么乐趣？人生一场虚空大梦，韶华白首，不过转瞬，已然是苦多乐少，却还有不计其数的互联网拜物教试图用代码编程一切，将世界改造成《黑客帝国》里的虚拟程序，解构人的价值，以达到无数赛博朋克题材的电影所担忧的那个未来——少数人利用科技实现对绝大多数人的极权统治。

他们的觉悟还不及一个二次元的角色。《古剑奇谭》里，偃甲大师谢衣有言：再精密的偃甲，毁去后还能重造。而生命，哪怕是蝼蚁，也只能活上一次。

特德·蒋在他的科幻小说《还有什么可指望》中虚构了一个像汽车遥控钥匙的“预测器”，上面只有一个按钮和一个绿色的 LED 灯。它能预测你是否会按按钮，并在你按下按钮的前一秒闪灯。

大部分用户表示，当他们第一次体验预测器时，就像在玩一种无聊的游戏，其规则就是在看到灯闪之后按下按钮。一些人想打破规则，但他很快发现根本做不到。

如果你想在闪灯前就按下按钮，灯会立刻闪现。不管你动作多快，都无法抢先一步。而如果你什么都不做，就等着闪灯，并打算在灯闪之后也不碰按钮，则灯永远不会闪。

通常，用户会花好几天时间钻研预测器，向朋友展示自己的策略，以图胜过这个怪诞的装置。但他慢慢会发现，不管怎么做，闪灯总会在按下按钮前出现。

几周后，“未来不可变更”这一沉重的事实萦绕在用户心头，一些人开始明白他们的自主意识并不重要，因此拒绝再做任何选择。

最终，三分之一玩过预测器的人不得不住院，因为他们失去了进食的意愿，乃至患上“运动不能性缄默症”。

这是一种清醒的昏迷症，患者的眼睛会跟随眼前的景物移动，偶尔变换一下姿势，但仅此而已——行动的能力依然存在，但动力已经消失。

医生在尝试与尚未丧失交谈动力的病患交流时试图告诉他们，在此之前，他们一直都快乐而积极地生活着，而那时他们也没什么自由意志可言。医生说：“一个月前的你做任何事都并不比现在的你更自由，你仍然可以像那时一样去说去做。”

而病人总是回答说：“可是现在我知道了。”其中的一些人，从此不发一言。

天意从来高难问。很多时候，就算倾尽全力，付出一切，结果也未必尽如人意。这就是命运。所谓人定胜天，有时只是芸芸众生的奢望。可即便如此，即便世间有那么多人力无法战胜的东西，至少每个人还可做到永不妥协，念念不忘。

谢衣告诉弟子乐无异："生命至为灿烂，至为珍贵，而又永不重来，万望敬之畏之，珍之重之……"王阳明则告诉世人，生命的无意义，迫使人去寻找自己的意义。谁也无法将你矮化、物化以及异化。

每个人都有逃避别人的时候，可是永远都没有一个人能逃避自己。古龙说过，歌女的歌，舞者的舞，剑客的剑，文人的笔，英雄的斗志，只要不死，就不能放弃。

因为这是人对天命最后的致意。

人就是人，人不是流量

>>

互联网在透明和平权方面为人类带来了的曙光，但它毕竟只是工具，只要大佬们仍然迷信权力而不是正义，流量而不是人性，则依旧充斥着谎言与暴力。

清代大儒戴名世面对万马齐喑的“盛世”，发出“悠悠斯世，无可与语”的感慨，今日之局，竟与三百年前异曲同工。

社交网络的出现，似乎让所有人都获得了在公众面前表达的权力，免费、方便、快捷，但据此就认为人人皆享有了话语权，不过是自欺欺人的意淫。

由于信息发布门槛的大幅降低而导致的无价值信息比例提升的现象被称作“信息噪音”，它会使想要取得话语权的人更难实现他的目标。对受众而言，大部分碎片时间被软文和真假难辨的信息“谋杀”

了。你原本可以读一遍《尤利西斯》，体验极致的精神享受，可现在只能刷着营销号的枪稿，一边怨气冲天地骂着“直男癌”，一边把购买口红的链接转发给男朋友。

对大多数人来说，他的话只有身边的人听得见。而他也只能听清身边的人在说什么，还得刨除那些为了钱和流量在朋友圈叫卖的人——这种通讯方式和几十年前相比似乎没什么两样。

当然，你也可以去微博吆喝，只不过没人关心你讲了什么，除非说错话或故作惊人之语引起了轩然大波，招来汹涌的谩骂。

可能你会说：“我乃无名小卒，骂骂也便散了，那些公众人物就惨了。”

公众人物才不惨。王思聪的微博评论乌烟瘴气，你几时见他不开心？

话语权依然被旧有秩序牢牢地控制着。昔之垄断在资源，今之垄断在渠道。小米公司的宣传靠的是口碑、参与感和十万加的文案？真信你就该吃药了。它靠的是价值上亿的发声渠道，是数之不尽的大 V 中 V 的有偿传播。

但与过去相比，这个时代毕竟还是进步了。在索尔仁尼琴笔下，古拉格的集中营里死去才是常态，活着反倒成了意外。哈娃的女儿就是在那出生的，被冰冷的水盥洗，喂完奶时双手绑在木桩上。15 个月大的她在生命的最后一天挣扎着摆脱母亲的怀抱，回到自己冰冷的小床上坦然死去。

甩手那一刹，她对这个世界的绝望该有多么深刻。

互联网的确在透明和平权方面为人类带来了前所未有的曙光，但它毕竟只是工具，只要大佬们仍然迷信权力而不是正义，流量而不是人性，则依旧充斥着谎言与暴力。

库斯图里察的电影《地下》(Underground)揭示的即是此理。这是一部混杂着酒精、枪声和吉卜赛音乐的喜剧片，浓缩了前南斯拉夫从 1941 年到 1992 年的历史巨变。

主人公黑仔和诗人马高是贝尔格莱德的黑道双雄，一边干着走私的勾当一边同革命党暗通款曲。

德军入侵时，黑仔迷上了话剧演员娜塔莉，并因与纳粹军官争风吃醋而被逮捕，施以酷刑。

不久，马高营救了重伤的黑仔和一批革命家属，将他们安置在自家的地窖里，以躲避纳粹的搜查。自此，他成为这帮人和贝尔格莱德之间唯一的联系。

四年后，德军战败，南斯拉夫解放，革命诗人马高作为“开国功臣”身居高位，并同娜塔莉结婚，四处揭幕演讲，万人景仰。

同时，他没有把外界的剧变告诉地窖里的人，而是用伪造空袭警报、假传铁托“圣旨”等各种手段让这座“地下城”相信战争还在继续，报国的唯一方法就是为“革命”制造枪炮。

为了激发同志们的生产热情，马高下来“慰问”时，经常打扮成一副刚被敌人折磨的样子，还以铁托的名义送给黑仔一块手表，道：

“铁托同志说了，‘现在离战争结束还早呢，告诉黑仔，在地下别让他出来，他是决战必需的人才’。”

黑仔闻言，就像中了萨满咒语一般手舞足蹈。

而马高，有了这样一座高效的工厂，直接当起了军火贩子。

20 年后，从出生起便生活在地窖里的祖凡（黑仔之子）举行婚礼，马高和娜塔莉来到地下参加宴会。

众人载歌载舞。不料，黑仔的宠物猩猩钻进坦克，一不小心点火开炮，摧毁了地窖。

一帮老革命重见天日，却搞不清状况，盲打误撞地跑到一个拍摄黑仔传记片的片场，开枪打死了扮演纳粹的演员。

没见过太阳的祖凡更是沮丧而恐惧，问黑仔：“我们能回到地下吗？”

反观猩猩，因为与人类语言不通，没被洗脑，只是随心所欲地触动按钮，倒阴差阳错地解放了整个地窖。

人类最大的悲哀是刚刚被历史的车轮碾过，起来后发现历史在倒车。哈维尔认为，政治是求得有意义的生活的一种途径，是保护人和服务人的一种途径，如果不能让人民的品性变得更好，不能体现人类的正义与良知，那这种政治便是失败的。同理，改革如果不能通盘考虑，只做局部的零敲碎打便妄想刺激经济，那这样的改革也是没有诚意的。

“互联网 +”不是法外之地。普通人说谎会遭到鄙夷，创业者说谎难道应该鼓励？唯一一个创建了两家世界 500 强公司的日本企业家稻盛和夫将人的资质分为三等。深沉厚重是第一等，磊落豪雄是第二等，聪明才辩是第三等。说一千道一万，还是李海鹏的那句话："倘若人们默认凡是成功的就是值得去追求的，那么这种腔调还真是天下无敌。"

知行合一是
检验互联网思维的唯一标准

>>

互联网思维既非工具，也非商业模式。商业对现代社会而言的确重要，但绝不是全部。

公元前 379 年，周天子册封田和为诸侯七年后，形影相吊的齐康公在一座荒凉的海岛上凄然离世。自姜子牙受封算起，延续了六百多年的“姜齐”从此改姓田。

田和的祖上田完本是陈国公子，因国内动乱投奔齐桓公，从此落户在齐，史称“田陈氏”。

田陈代齐是一段漫长的和平演变，拐点出现在齐景公执政时。

彼时，齐国百姓三分之二的收入都要上缴，景公的国库里，粮食堆积如山，生虫长蛆；衣料多不胜数，破烂腐朽。

与此相对，民众却啼饥号寒，衣衫褴褛，冻馁倒毙于途。

作为当朝大夫，田陈氏反其道而行之。每逢百姓借贷，皆用特制的大容器多给，而当百姓纳粮、还款时则以法定的小容器少收。

不仅如此，从山上进购木材，从海边采买鱼盐，进价多少，卖价也多少，遇有家庭困难的，还施以救济。

很快，齐国上下便对田陈氏“爱之如父母，归之如流水”，以至于齐相晏婴出使晋国时不无忧虑地对叔向说：“被国君（齐景公）抛弃的子民只能到田陈那里去。我不敢断言田陈会不会得到邦国，但我们齐，肯定已经是末世了。”

终于，齐景公也开始觉悟，在一次同晏婴聊天时说：“寡人的宫殿美轮美奂，却不知道将来是谁的。”

晏婴道：“田陈的吧？他虽然没什么大的功劳，但民众对其春风雨露已然载歌载舞。”

景公去世后，田陈干掉齐国最大的两家卿族，通过废立国君掌握了军政大权。及至平公即位，齐相田成子进言道：“喜赏恶罚乃人之常情，你我君臣，不妨这样分工——赏赐的好事，君上来做；惩罚的恶名，臣下来担。”

齐平公见美誉归己，何乐不为？便欣然同意。但他哪里知道，国之利器不可示人，田成子已聚拢人气，唯缺惩罚之权柄。

自此，国人不再畏惧平公，田陈离王座只差一道手续。

从来治世民为天。

再颟顸的统治者也懂。

但揆诸现实，无论“永不加赋”的许诺如何动听，兴勃亡忽才是史不绝载、经久不衰的大戏。

这跟高喊“互联网转型”，却折戟沉沙、尸骸枕藉的传统企业所经历的别无二样。

事实上，互联网思维既非工具，也非商业模式。商业对现代社会而言的确重要，但绝不是全部。

如果互联网思维不是一个伪概念，如果让我来定义这个概念。那么，它是溶于你行走坐卧、待人接物的精神气质与行事准则，是对自由的向往、平等的热望，是己所不欲，勿施于人，是对《人权宣言》的主旨的自发认同，即：无视、遗忘或蔑视人权是公众不幸和政府腐败的唯一原因。

因此，三观不正之人，即便散尽家财，智尽能索，距离互联网思维终究还是“举目见日，不见长安”。

《论自由》有言：“表面上似乎同人们的实际生活和直接利益相去甚远的思辨哲学，其实是世界上最能影响人们的东西。”

的确，当此信息文明日新月异之际，抱残守缺者不乏其人，坚持大规模生产、大规模销售、大规模宣传的传统商业路径，拒绝与时俱进，严丝合缝地验证着哈耶克的论断：“如果从长远考虑，我们是自己命运的创造者。那么，从短期着眼，我们就是我们所创造的观念的俘虏。”

工业时代，资源和渠道被当作企业的核心竞争力，成为颠扑不灭的金科玉律。但在互联网时代，产品更多的是以信息的方式呈现，不仅渠道垄断难以维持，媒介垄断也被打破，消费者成为信息的生产者和传播者，妄图通过买通媒体单向度、广播式地制造热点、诱导消费的模式轰然坍塌。

而另一方面，“锚定效应”又使得转型步履维艰。

这个由诺奖获得者卡尼曼发明的词指出：人的决策实际上是根据过往和局限的信息做出的。由于人无法通天晓地，因此那些片面的信息便主导了我们的决定，从而产生认知偏差。

比如 19 世纪末，整个伦敦到处都是马粪，因为当时的主要交通工具是马车。面对日积月累的马粪和束手无策的政府，伦敦人民苦不堪言，或咒骂，或逃离，并根据以往经验判断这座城市行将崩溃。

万万没想到的是，汽车的出现一夜之间终结了所有问题。

同理，计算机诞生时，IBM 创始人沃森说：“人类只需要五台电脑就够了。”他的依据是自己的眼睛。彼时的电脑重达数吨，大到能装满一间屋子，谁也无法想象有朝一日会人手一台。

究其实质，互联网思维是在商业民主化的土壤中孕育的“用户至上”的理念，而检验其真伪的唯一标准就是知行合一。

知而不行，只是未知。没有真心发愿，真情流露，做再多的社会化营销、大数据分析，也只是自欺欺人，缘木求鱼。

若企业大谈简约思维，却不懂得少即是多，我知其未知也；

若企业大谈极致思维，却无法打造让用户尖叫的产品，我知其未知也；

若企业大谈迭代思维，却不会从小处着眼，快速创新，我知其未知也；

若企业大谈流量思维，却不能把免费从量变坚持到质变，我知其未知也；

若企业大谈跨界思维，却对产业链和产业边界模糊不清，不敢进行颠覆式创新，我知其未知也；

若企业大谈平台思维，却没有多方共赢的胸襟，将公司打造成“自燃型”员工创业的航母，我知其未知也。

当初，达摩祖师从海路来中国，见到痴迷佛教的梁武帝萧衍。

萧衍大建佛寺（有诗为证：南朝四百八十寺），精研教理，甚至亲自登坛讲经，还动不动就跑到寺庙剃度出家，自以为功德无量，夸示于达摩，孰知只换来一句：“并无功德。”

萧衍不甘，追问怎样才算有功德，达摩对曰：

净智妙圆，体自空寂。如是功德，不于世求。

即既净化自我，又净化他人。这种度己度人的功德，不是靠世俗的有为来求得的。

互联网思维亦如是，用《中庸》的话说就是“未发之中”。

《中庸》把喜怒哀乐等情感尚未发动时内心保持的一种寂然不动、不偏不倚的状态称作“中”；情感表现出来时，都能把握一个适当的度，符合自然常理与社会规范，称作“和”。

“中和”是一种极高的境界，能够“致中和”则“天地位焉，万物育焉”。

从这个角度看，互联网思维又“卑之无甚高论”，不过“饥食渴饮”，己欲达而达人罢了。

正如有僧问慧海禅师："修道时如何用功？"

慧海道："饥来吃饭，困来即眠。"

又问："所有人都是这样，难道他们同师父一样用功？"

慧海道："不同。他吃饭时不肯吃饭，百种须索；睡觉时不肯睡觉，千般计较。"

常人脑海中每天要闪现千万条妄念，如果收摄得住，则言"百姓日用皆道"亦不为过。

依托互联网，真正意义上的消费主权破茧而出，人类再也不需要虚伪的"顾客就是上帝"。

人也好，信息也罢，相互之间是一种网状而非从属的关系。个体来去自如，在群体中所处的位置不再重要，人与人之间也不存在谁必须依附谁——美国学者格兰诺维特将之形象地喻为"镶嵌"。

这是一种对人性的释放，因为网状结构中的节点是平等的。它承认节点有关系，但拒绝承认其有高低贵贱之分。

在这你中有我，水乳交融的世界里，巧诈不如拙诚。而互联网思维，归根结底，也不是一个概念，一套说辞，不过是一种务实求真，知行合一的人生态度罢了。

网红时代与消费主义

>>

当你完全是你自己，而不是为了成为某个特定的角色时，你所做的一切才是最有效率，最为持久的。

80 后的文艺青年有一个巨大的遗憾，即没有经历过 80 年代那种“生活开始了，精彩画卷徐徐展开”的喜悦和新奇。消费主义解构了一切崇高的意义，所有人都只争朝夕地剥着洋葱，以为剥到最后便能找到他想要的东西，殊不知洋葱是空心的，得到的只是一片虚无。

当权力与资本媾和、资本与技术结合后，将每一个个体的理想、爱情以及所有人之为人的价值都打压到可有可无的境地时，一种基于反抗异化而生的新的世界观、人生观和生活方式就会成为越来越多的人的选择。站在人工智能时代的大门口我们发现，王阳明可以让人成为更好的自己。

我跟度阴山（《知行合一王阳明》的作者）聊过一个话题，即不谈“心即理”，只谈“知行合一”和“致良知”，阳明心学立不住。就像儒家的核心思想、符合人类文明共通价值的那一点精髓，就是“民为贵，社稷次之，君为轻”。人权大于主权，主权大于君权。抛开这一条不讲，儒家立不住。

“心即理”就是做你自己，不要活在世俗的评价里。就社会意义而言，它倡导人格独立，思想自由，掀起了中晚明的启蒙运动。王学左派自王艮以下，行动力都非常强，日本从倒幕运动到明治维新时期的政治、军事领袖，就继承了这一派的精神遗产。而被称作东方莎士比亚的汤显祖，也是这一派的传人。他的作品《牡丹亭》用戏曲的形式表达了“心即理”的内核，讴歌自由，赞美爱情。

再往后就是李贽和黄宗羲。李贽对孔子的批判前无古人，黄宗羲的《原君》对君主专制的批判也前无古人。他们都是王门传人。

这是一个大课题，据此可以写篇论文就叫《阳明心学与中晚明民主思潮》。那么问题来了，“心即理”对当代人有什么特殊的意义？

尼采生活的时代，上帝死了；萨特生活的时代，人死了。21 世纪为什么是王阳明的世纪？因为阳明心学可以让人起死回生。

很多人现在担忧，说人类研究人工智能，就是亲手打开潘多拉魔盒的自杀行为。其实毁灭人类的不是人工智能，而是它背后的资本。说到底也不是资本，而是人心深处的欲望。

消费社会的基石是人欲。直播平台没有早期的擦边球表演，怎么可能做到后来的估值？而“心即理”的主张，就是让人跳出自我意识，站在心体的层面来检视这个“小我”，因为它早已被外界的虚假信息所污染。

小我赖以生存的基础是认同。小孩刚学会说话时用第三人称指代自己，比如“宝宝饿了”“宝宝想喝水”。直到有一天他忽然会说“我”了，这时他就有了一个大水杯，可以不断往里装他所认同的东西，并将它们等同于自我。

你夺走一个小孩的玩具，不管它是一颗玻璃球还是一套乐高，他都会痛不欲生。因为他早已把玩具融入小我，是自我认同不可分割的一部分。随着年龄的增长，玩具又变成了跑车、豪宅和美女。我们在外物中寻找自己，迷失在寻找的途中，这就是小我的命运。我们很多成年人活了一辈子，临终前还在追逐玩具，就像《儒林外史》里的吝啬鬼严监生，家人不把灯草灭了，就咽不下那口气。还有要烧《富春山居图》的那位，不把画带到地下，就不肯撒手人寰。这些都是“身为物役，心为形役”的典型案例。

消费主义的本质，就是千方百计地让人购买他原本不需要的东西。为了实现这一目的，它每隔几年就发明一些新的概念，比如“社群经济”“粉丝经济”。很多时候你买的不是产品本身，而是一个“身份认同的强化品”，就像《钟鼓楼》里所唱的那样：“他们正在看着你，掏出什么牌子的烟。”

这种让每个人都耗其一生的“渴鹿逐焰”，搭建了消费社会的经济架构，衡量进步的唯一标准就是“更多”。由于忌讳“衰退”一词，人们甚至发明了“负增长”。

在这样的环境里，大部分人的生命都在攀比中被无意义地消耗了。你奋斗十年赚的钱不如别人十年前在一线城市买套房，那么人存在的意义到底是什么？

王阳明之所以敢铁齿断言“人人皆可成圣”，就是因为不管你是生而知之，还是死前悟道，人一定会在某一刻超越小我，看到真我。当死亡临近，外在的事物逐渐分崩瓦解，甚至连老婆孩子都在算计遗产时，人终归会意识到：任何外物都与“我是谁”这一究极命题无关。我们寻找了一生的本体，其实一直在那，只是大部分时间人都活在小我之中，被障蔽罢了。

但话分两头，很多反消费主义的人其实活在另一种小我之中——因为觉得我是小众的、优越的，所以我是对，别人是错的，不值一哂的。

小我的内容千奇百怪，而让小我存活下来的心智却永远不会改变，即把“拥有”等同于“存在”。我拥有所以我存在，拥有得越多，存在感越强。在这种模式里，你经由比较而生存，别人如何看待你成为你活下去的动力。

如果你住在纽约长岛，周围都是富人，财富的增加就很难再加强你的小我。这个时候你可能会迷上《月亮和六便士》，学习梭罗来个荒野生存，以示自己与众不同。但这还是一种向外去求的迷妄，并不能证得真我。《进入空气稀薄地带》以作者的亲身经历展现了 1996 年珠峰山难的全过程，其实就隐晦地批判了不计后果想要征服自然的那一类人。

总之，大多数情况下，当一个人说“我”的时候，其实就是小我在说话。它包含了情绪、立场、回忆和你习焉不察地去主动扮演的角色，以及一些集体的认同，比如种族、国籍、宗教和女权主义。

可能你会问：小我也没那么差吧？《黑客帝国》里那些活在虚拟程序里的人，你不叫醒他，又和真实的人生有什么区别呢？

这就回到一个词，叫“免于恐惧的自由”。人之所以会恐惧，皆因小我是借由认同外在的“形相”而存活的，它也隐隐明白，所有的形相都是无常且稍纵即逝的，用佛教的话说就是“诸法因缘生，诸法因缘灭”。

一些女孩活在肉身的小我之中，整容上瘾。殊不知再怎么动刀，衰老也是不可避免的，颜值不可能伴随一生。男人也一样，某知名互联网公司的创始人融到第一笔巨款后据说迷上了养生，买了一堆保健品吃——小我的四周一直被不安所环绕，即使它表面上看起来信心十足。

小我最喜欢玩的游戏是角色扮演。当它需要从别人身上获取什么来满足自己的需求时，就会下意识地精心设计，以便得到关注。这个过程其实隐含着一种暗示——我是不够格的，但我需要更多，所以必须扮演一个角色。

有一种常见的角色是受害者，小我寻求的关注是同情和怜悯，甚或只是他人对他悲惨故事的兴趣，比如祥林嫂。心理医生都知道，有的患者其实并不希望自己的问题得到解决，因为它已经成为小我的一部分。

当一个人入戏太深时，就分不清真实和虚假的界限了。君君臣臣父父子子，对不按剧本扮演自己角色的人，必欲除之而后快，以维系固有的世界观。

而当一个人的行动就是行动本身，就是良知的外化，而非用来保护和加强他所扮演的角色时，那么无论他做什么，力量都会惊人得强大，就像电影《寻找心中的你》里的男主人公，为了找到他一见钟情却又因故错失的女孩，整天抱着一本厚厚的黄页挨个打电话，四处寻人，不分昼夜，不知疲倦。那一刻，他是知行合一，感天动地的。最终，他收获了一段完美的爱情。

当你完全是你自己，而不是为了成为某个特定的角色时，你所做的一切才是最有效率，最为持久的。相反，当工作只是为了糊口而非自己的理想时，当念书只是为了文凭而非求知时，你会觉得过程痛苦而漫长，能量耗散极快。很多人年纪轻轻便老气横秋，即是此理。

当你摆脱了小我的束缚，就能看明白很多现象。比如传统媒体自上而下有总编、副总编、主编、执行主编、副主编、资深主笔、主笔、首席记者、记者等琳琅满目的头衔，不信你可以去看《三联生活周刊》的版权页。这种贴标签的方法其实就是利用人的小我，维持体系的正常运转。

如果仅限于个体，小我的危害还不至于太大，更令人担忧的是借由认同一个团体，聚合而成的集体的小我。同个人的小我一样，集体的小我需要假想敌，需要更多，需要自己是对的。迟早有一天，它会跟另一个团体发生冲突，因为它需要对手来界定自己的身份认同。也正因如此，集体的小我往往比个体的小我更危险，更无意识，更容易施暴，狡猾的政客往往对这种大众心理运用自如。

不破除小我，明觉良知，一辈子都会生活在受人蒙蔽的假象之中。视野打不开，事业与格局都会受到限制。而当人反求诸己，不随人流和物欲去跑，不迎合别人的期待时，人就站在了一个制高点上纵观全局，如太空人看地球一样，领悟到一个看似矛盾的真理：地球是珍贵的，但也是不重要的。

就像在小我眼中，自尊和谦卑是矛盾的。但良知会告诉你，它们并无二致。

当自由市场上的面包不好吃了

>>

有人是梦想的情人，有人只是梦想的备胎。多少裘马轻狂的少年，步入社会后过着默默而绝望的生活，带着心中尚存的歌谣，走进坟墓。

“选择生活，选择工作，选择职业，选择家庭。选择一个大电视。选择洗衣机，汽车，雷射唱机，电动开罐机。选择健康，低卡路里，低糖。选择固定利率房贷。选择起点，选择朋友，选择运动服和皮箱。选择一套三件套西装……选择 DIY，在星期天早上，搞不清自己是谁。选择在沙发上看无聊透顶的节目，往口里塞垃圾食物。选择腐朽至死，只剩下由你精子造出取代你的自私小鬼。选择你的未来，你的生活。但我干嘛要做？我选择不要生活，我选择其他。理由呢？没有理由。只要有毒品，还要什么理由？”

看这部《猜火车》时我 19 岁，趴在传媒大学的宿舍里，望着窗外钢铁森林般的“珠江绿洲”小区，感觉空气里都是梦想的味道。

有人是梦想的情人，有人只是梦想的备胎。多少裘马轻狂的少年，步入社会后过着默默而绝望的生活，带着心中尚存的歌谣，走进坟墓。

梦想，一道让人生死以之的绿光。为了得到它的芳心，有人出卖灵魂，有人不择手段，人性早已在追梦的过程中异化，盖茨比的痛苦无人问津。

在这个火急火燎的时代，“成功”是唯一的政治正确。人人生而自由，但无一不在枷锁之中。所有人都步调一致地创业、炒股、炒房，一起癫狂，一起恐慌。

抚今追昔。

1971 年，福特汽车公司推出了一款价格低廉，耗油量小的“平托车”，以对抗在美国市场上犁庭扫穴的日本车。平托车的用户反映不错，唯一的缺陷是由于油箱设计的问题，一旦发生后车追尾，容易引发油箱爆炸。果然，1972 年在加利福尼亚的高速公路上就出现了这样一起事故，两个年轻人一死一伤，活下来的那个将福特公司告上了法庭。

律师辩论未定，一个叫马克·道伊的记者发表了一篇调查报道，指出福特公司的工程师其实早就发现了平托车的安全隐患，并将之上报给公司的管理层。高管们讨论发现，只需要多花 11 美元，就能够解决这个问题。

但为什么没有解决呢？道伊“设身处地”替福特算了笔账：已经投放市场的车是 1000 多万辆，如果全部召回，每辆多花 11 美金，成本将近 1.4 亿美元。而任由问题存在，最多要花多少钱呢？道伊根据概率和算法，发现即便再撞毁 5000 台车，死伤各 180 人，也不过赔个 5000 万美金。因此，福特高层选择对车主有可能葬身火海视而不见是符合资本的理性的。

舆论登时哗然，福特千夫所指。

然而，仅仅十年后，一个更没节操的商业模式横空出世，它的名字叫“保单贴现”，是由艾滋病人群和其他被诊断患有不治之症的人拥有的人寿保险单构成的市场，运作方式如下：假设某个持有 20 万美元人寿保单的病人被医生告知只剩一年的寿命，再假设他现在亟需一笔钱来治疗或者环球旅行，而这时一位投资者以折扣价——比如 10 万美金，从病人手中买下这份保单，并替他缴纳年费。当保单的原始持有人去世时，该投资者便可从保险公司得到 20 万美元。

看上去各取所需，是“正和博弈”，但细究不难发现，对投资人而言，其回报率取决于病人活多长时间。活得越久，年费越多，回报率就越低，所以最好签完合同第二天对方就死掉。可惜，1996 年鸡尾酒疗法的发明使艾滋病人的存活期理论上延长到了人均寿命，保单贴现业务岌岌可危。1998 年，《纽约时报》采访了一个曾经病入膏肓，把寿险卖给投资人，但彼时已恢复到健康状况的艾滋病人莫里森，他说：“以前，我从未觉得有人希望我死掉。他们（投资人）不停地给我寄这些联邦快件并给我打电话，好像在说‘你还活着吗’？”

资本永远饥渴，没有了艾滋病还有癌症与心血管疾病，而后两者的基数更为庞大。很快，新的业务方兴未艾，蓬勃发展。老年人将他们不需要或无力支付的寿险保单卖给中介公司，再由其转售给投资人。

事实上所有人都是潜在的投资人。你家的门会被一个手持老人照片的推销人员敲开，他和身边的医生和颜悦色地告诉你这个陌生老人年龄多大、患有什么疾病、预计还能活多久。当然，很多情况下这就是一个坑。比如一家名为“生命伴侣”的公司曾将一名79岁的牧场主的价值200万美元的人寿保单卖给了投资者，断言此人只有两到四年的寿命。但是5年过去了，84岁的牧场主依旧生龙活虎，能举重能伐木，对记者道:“我壮得像头牛，很多投资人要大失所望了。”

保单满天飞，一些经纪人甚至付钱给那些没有投保的老人，让他们办理大额寿险并将之卖给投机者。许多单子被卖来卖去，以至于投保人根本不知道自己的保单所有者是一家华尔街的对冲基金，还是一名黑手党教父。也许有一天，每个人都会购买“源自陌生人的人寿保险”，再拿彼此何时死掉来赚钱。

人们之所以禁止买卖儿童，是基于这样一个常识：不是所有东西都适宜被视作商品拿来交易。可现实却是，金钱以其无孔不入的力量消解意义，给万事万物标价，从爱情到人命。

一个叫彼得·罗斯的棒球明星因赌球被逐出棒球界，于是他开设了一个专门出售与他被开除事件有关的纪念品网站。花299美元，你就可以买到一个由他亲笔签名并刻有“我为自己赌球道歉”字样的棒球；花500美元，你就会收到一份开除文件的复本。

环球同此凉热。

根据桐城派散文家方苞的记载，清朝人民也是很有经济头脑的，比如当犯人将被执行死刑时，刽子手的助理会先到牢房讹钱，对处以凌迟的死囚说：“顺我，就先刺心，否则把你胳膊腿都卸光了，心还不死。”对绞刑犯则说：“顺我，一上来就让你断气。否则缢你三次，才让你死。”负责捆犯人的狱卒亦如是。方苞说，不贿赂，捆缚时他会先将你的筋骨扭断，即便出狱，也落下了终身残疾。

从艾略特出版《荒原》开始，人类的异化便步入了快车道。当《夜行者》里的杰克·吉伦哈尔由不顾一切地抢拍事故现场，将素材卖给新闻频道，到亲手炮制事故，除掉竞争对手，其麻木空洞的眼神似乎宣示了《黑镜》中描写的那个冷血未来的降临指日可待。为了满足广告制造出来的需求，人们买买买，卖卖卖，一切都待价而沽。一个叫卡里·史密斯的妇女在网上拍卖商业利用其前额的权利，某博彩网站用 1 万美金拿下了这块永久性的广告位，在她额头纹了自家的网址。

自由市场是对抗专制、瓦解垄断的灵丹妙药，但由其驱动的社会也使利他主义或多或少地失去了活力。卢梭有言：“一旦公共服务不再是公民关注的主要事物，而且相较于为人们工作，他们宁愿为金钱工作，那这个国家离衰败也就不远了。”

当资本甚至披上了情怀的外衣，我反倒愈发坚信，市场逻辑绝非终极逻辑。

这几年，“王阳明”三个字深入人心。心学庞杂，歧说纷呈，王阳明到底想告诉世人什么？在我看来，无非八个字：拔本塞源，万物一体。拔本塞源是方法，是去私欲；万物一体是目标，是致良知。然而很遗憾，这个时代的许多人和事恰恰在背道而驰，义无反顾。为什么再也没有像《大时代》那样震撼人心的电视剧？为什么原本荡气回肠的《仙剑奇侠传》与《轩辕剑》越做越烂，狗尾续貂？因为它们引入了大数据，被数字捆绑，可以做出及格线以上的产品，却再难出经典的作品。人性无法测量，命运自古无常，这是艺术具有永恒魅力的唯一奥秘。

电影《千钧一发》描绘了一个信奉“基因决定论”的未来世界，优生诊所随处可见，只有穷人才接受劣等的自然生育，中产以上者都选择经过培育的受精卵，以实现“自然受孕一千次也达不到的奇迹”。于是，满街都是金发碧眼的帅哥靓女以及比自动贩售机还普遍的基因检测站，刚和人接过吻的妹子用棉签在口中一擦，立刻便能得出对方所有的基因信息，包括智商、患癌率以及预期寿命。《反基因歧视法》也沦为一纸空文，雇主想获得应试者的基因有上百种手段——茶杯，纸巾，或者不经意间掉落的毛发。

然而，“完美”是祝福，也是诅咒。如果人终将被解构成一堆由激素、生物电和化学物质组成的要素，如果每个个体从一出生其未来的喜怒哀乐、悲欢离合就被各种概率所界定，那生命的意义究竟何在？

事实上，科技如上帝之手般优化基因的同时也去除了激励人类不断前行的最为重要的动力，那便是痛苦和缺陷。另一部名为《无姓之人》的电影探讨了这个问题。

在人人皆可永生的未来世界里，最后一个会自然死亡的老人成为媒体关注的焦点。众目睽睽之下，他开始向早已失去了痛感的“不死人”讲述自己的人生。在三条平行宇宙的轨迹里，无论他作何选择，都难逃命运的捉弄。要么错失初恋，要么婚姻不幸，要么成为植物人。

心理学上有个著名的实验——鸽子的迷信。心理学家斯金纳把鸽子放进箱子，里面有食物分发器，每隔 15 秒落下食物。

几天后，斯金纳发现，在没有食物的 15 秒间隔里，一只鸽子不停地转圈，另一只反复用头撞击箱子——六只鸽子，无一例外地出现了奇怪的举动。

这些行为同获得食物没有任何关系，但鸽子还是矢志不渝地重复着，就好像只要做了，便能得到食物。

鸽子迷信了。

人生何尝不是如此？司马迁不被阉割，楚汉争霸的历史就可能被阉割；没有洪杨之乱，曾国藩和李鸿章就是二、三品的官吏，事迹占不满两页《清史稿》。生命由无数细微的选择组成，似多米诺骨牌，推翻一张，剩下的瞬间崩塌，直至终焉。然而，推倒第一张牌的不是你，在哪结束你也不清楚。

如果有人说他相信运气，那么他一定参透了人生。

不过，“无姓之人”始终心怀善意，在命运的迷宫中赶路，有悲伤、有感动，有等待戈多的憧憬，有曾经沧海的回忆。他翻过了一座又一座山，很想知道山后面是什么，但每次都发现没什么特别之处。渐渐地，他明白了，似水流年才是一个人的一切，其余的只是片刻的欢娱和不幸。终于，如村上春树所说，他领教了世界是何等凶顽，又得知世界也可以变得温存和美好。

于是他顿悟了：既然那些远在天边的终极目的看起来遥不可及，那么，何不终其一生逗留在理想不灭的路上呢？

黑手党风云

>>

虽然许多头目被监禁和谋杀，但自有后来者顶替，犯罪手段也与时俱进，无时无刻不在考验立法者的智慧和执法者的勇气。

黑手党的历史源远流长，追本溯源，要从意大利南部的西西里岛讲起。

由于远离本土，西西里在历史上一直是块列强环伺的肥肉。长期以来，西西里人一直忍受着殖民者的沉重压迫，到 13 世纪末终于爆发了。

公元 1282 年，复活节的次日，清脆的晚祷钟声响起。一个满脸稚气的女孩刚走到教堂门口，就被一个法国人拖进了怀里。围观人群显得有些冷漠，直至女孩的声音盖过了钟声。

当地人愤怒了，一拥而上，三拳两脚便将法国人打咽了气。

这是西西里人第一次用暴力宣泄他们积攒多年的仇恨。没过多久，一支自发组织的地下武装开始奔走传递“法国人的死亡，意大利人的事业”的暗号。这句话的意大利文“Morte Alla FranciaIia Alela”的词头，构成了“Mafia”一词，流传至今，便是英文“黑手党”的意思。而这场起义，在欧洲历史上被称为“西西里晚祷事件”。

此后很长的一段时间，西西里岛都由西班牙统治。1861 年，西西里并入意大利王国，此时，Mafia 这个昔日的地下组织已经成为一支不容忽视的力量，一个叫维马尔尼的成员登上了历史的舞台。

维马尔尼是西西里的贵族后裔，到了他这一代，家道中落。他的体内天生流淌着反叛的血液，不愿像父辈那样中规中矩地做生意。维马尔尼混到三十多岁，终于在岛上待不下去了，跑到美国。

在纽约，为了生计，维马尔尼放下架子，和三教九流的人混在一起。一年后，他用攒的钱开了一个酒馆，靠往酒里拼命兑水，完成了原始积累，带着一大笔钱去了旧金山。

当时，美利坚合众国的势力还没有扩张到这片荒芜的土地，维马尔尼骑着马找到蒙德镇的镇长，告诉他自己想在此建立一个“马菲亚（Mafia）王国”。金钱的力量让他实现了这个愿望，维马尔尼开始苦心经营自己的王国，短短几年时间，马菲亚便拥有了整齐的街道和热闹的酒吧。富甲一方的维马尔尼 45 岁便抱上了孙子，并给他取了一个后来震惊世界的名字——维托。

维托出生后不久，合众国就派出军队要把马菲亚收进联邦版图。经过一年多的游击战，维马尔尼心脏病发作猝死，马菲亚从此烟消云散，维托也随母亲来到了波士顿。

17 岁那年，维托回到西西里岛，组织一批 Mafia 里的男性成员成立了“光荣社团”。

他出手慷慨、乐善好施，很快便声名鹊起。整个 19 世纪末，西西里将维托奉若神明。他所到之处，万人空巷，人们尊称他为“唐”。

自此，在名字前冠以“唐”，约定俗成地作为黑手党内部对教父级人物的称呼沿袭了下去。

接下来的二十年里，维托策划了二百多次谋杀，但由他亲自动手的只有一个人——警察彼得罗西诺。1900 年，他带领一帮会众远涉重洋，在美国新奥尔良登陆，把黑手党的“火种”（以“黑手”为标志）留在了这座港口城市。

冥冥之中似有天意。日后，当维托与墨索里尼对抗失败后，他的后辈——大约 100 名年轻的黑手党成员也在新奥尔良登陆，走上了复兴并发展为国际有组织犯罪的道路。

墨索里尼以铁腕打击西西里的黑手党组织的同时，也铸就了唐・维托的神话（被捕的维托拒绝越狱，自愿留在牢里忏悔自己因判断失误而导致损失的过错）。在黑手党的教科书里，他是伟大、不朽、敢做敢当的现代黑帮的始祖。

1920 年，美国总统威尔逊颁布了禁酒令。其初衷是打击那些腐败的官僚，却无心插柳地对黑手党的发展提供了前所未有的契机。关于这段历史，电影《美国往事》有过详细的描写。

以芝加哥教父多里奥为首的黑手党趁机而入，贩卖私酒，赚取了巨额利润。同时，各地黑手党纷纷加入这项一本万利的买卖，火并事件频频发生，市民几乎天天都能看到黑手党为死去的同伙举行葬礼。

多里奥曾以老大的身份给各帮派划定了地盘，但最终迫于警方的压力逃回了意大利，临走之前把生意交给了助手阿尔·卡彭。从此，“芝加哥之王”卡彭的时代宣告降临。

卡彭手下的党徒，风衣里都藏着冲锋枪，火并时用手榴弹开路，其强硬残忍的作风令其他黑帮胆寒。卡彭亲手干掉过不下百人，侥幸躲过的伏击不计其数。他给黑手党留下的3大遗产是：重机枪比冲锋枪好使；要按时向联邦政府纳税；做爱时一定要戴安全套。

20世纪20年代，芝加哥取代新奥尔良成为全美犯罪率最高的城市，而阿尔·卡彭则是黑手党“暴徒时代”当仁不让的标志。卡彭不是西西里人，他出生在意大利的那不勒斯。但是，当他在10个月内连续干掉了322个对手之后，便自动升级为第一个非西西里裔的黑手党教父。

1929年2月14日，一个充满玫瑰花香和情人热吻的日子。下午4点，卡彭和他的手下身穿警服，冲进一座汽车旅馆。里面的人没有反抗，老老实实地靠墙站成一排接受搜查。然而，等待他们的却是一通疯狂的扫射，空气里弥漫着火药和鲜血的味道。

14人当场毙命，包括另一个黑手党教父“甲壳虫”莫兰。接下来的日子里，一个又一个的对手倒在卡彭枪下。除了手枪和冲锋枪等常规武器，卡彭甚至动用了重机枪。清洗行动能连续十个月取得成功，很大程度上仰仗卡彭的新发明——“G2小组”。这是一个负责搜集情报，进行侦查和反侦查的行动部门。全芝加哥的理发师、酒吧侍者、出租车司机甚至乞丐，都知道一个特殊的电话号码。卡彭能够弹无虚发地清除对手，G2 小组居功至伟。

不久，自视甚高的卡彭又把目光转向了政界。很快，芝加哥法官约翰逊就给他写了封信："尊敬的先生，感谢您在选举日给予我的帮助。没有您的帮助，我恐怕无法体面地摆脱困境。谢谢您，老人家！这一点我将铭记终身。盼望同您尽快会面！"1928 年的总统大选，芝加哥刑警队队长罗特斯找到卡彭，请求他不要介入竞选，卡彭同意了。作为回报，警方承诺尽量不为诸如谋杀一类的小事骚扰卡彭和他的手下。

然而，卡彭犯了一个致命的错误：没有按时纳税。一个联邦税务侦探偶然发现卡彭控制的一家赌场隐瞒收入，于是顺藤摸瓜，把卡彭查了个底儿朝天。1931 年，卡彭和其他 69 名黑手党党徒被送上了法庭，面临合计 2.5 万年刑期的惩罚。

卡彭提出用 500 万美元补偿税款，芝加哥当局同意了，但却被联邦法官否决。卡彭的手下又带着枪和成沓的钞票拜访了 12 名陪审团成员，岂料法官在开庭前一天任命了新的陪审员。最后，卡彭因隐瞒个人收入罪被判入狱 11 年。

狱中，卡彭依然过着国王般的生活，夜夜笙歌。不幸的是，由于安全防护方面的问题，他染上了不愈型梅毒。1939 年，因病获释的卡彭带着 500 万美元来到佛罗里达，在病床上度过了人生最后的 8 年。

在《时代》周刊和美国有线广播网联合评选的一份"20 世纪最有影响的行业奠基人"的名单中，卢西安诺作为"现代有组织犯罪之父”，赫然排在比尔·盖茨之前。

卢西安诺是阿尔·卡彭的表哥。与表弟不同的是，他更善于动脑子。如果说卡彭是一个身先士卒的战地指挥官，那卢西安诺就是一位职业犯罪经理人。他有两个搭档，一个叫阿纳斯塔西亚，指挥着“暗杀团”；另一个叫兰斯基，负责家族生意。因此，警方很难找到直接证据证明卢西安诺参与了犯罪活动。

1927 年，黑手党教父马兰扎诺和马塞利亚之间爆发战争。当时，卢西安诺还未加入黑手党，他和犹太人合伙成立了“七家公司”，垄断美国的私酒市场。战争需要钱，因此两个教父都争相邀请卢西安诺入伙。权衡利弊后，卢西安诺选择了马塞利亚。

马塞利亚是个极其保守的教父，只相信西西里人，而卢西安诺的智囊兰斯基却是个犹太人。马塞利亚几次三番地催促卢西安诺干掉兰斯基，以保证组织的纯洁。卢西安诺不傻——无缘无故地干掉伙伴，只会令弟兄们心寒。一个无力保护手下的老大根本无法在黑帮里立足。

于是，他选择干掉马塞利亚，以绝后患。

卢西安诺设宴招待了马塞利亚。用完餐，两人打起了扑克。期间，卢西安诺“适时”地去了趟洗手间，回来后便发现马塞利亚已被人乱枪打死。

卢西安诺报了警，并解释说，他没看见谁杀了马塞利亚，也不知道为什么有人要杀他，谋杀发生时他在厕所撒尿。

“我每次撒尿的时间都很长”——卢西安诺的这句话成为次日《纽约时报》头条的标题。报纸上的照片是一个令人毛骨悚然的场景：马塞利亚的尸体耷拉在桌边，身上的六个弹孔向外流着血，淌到白色的桌布上，右手夹着扑克牌方块 A。

从此，方块A成为黑手党的“厄运”牌。

不久，卢西安诺又用同样的手法干掉了马兰扎诺，两个元老的毙命让 34 岁的卢西安诺站到了权力的顶峰。他所向披靡，开始着手改革黑手党。

24 个家族召开了黑手党全国代表大会。会议选举了全国委员会，部署了下一步的战略，制定了新的戒律：一是不许贩毒；二是严禁谋杀执法官员，除非委员会投票一致同意。

贩毒和谋杀警察会激起民愤，导致议会增加对警方的拨款。而调查犯罪是件费钱的事，没有拨款，警察就只能眼睁睁地看着一个又一个黑手党徒被无罪释放。

这次会议标志着科萨 · 诺斯特拉（意为“我们的事业”）的诞生。这是一个由全美黑手党家族联合组成的形式上统一实质上松散的大规模犯罪集团。

盛极必衰，卢西安诺的好日子很快也到了头。一个叫杜威的检察官清楚自己很难抓到卢西安诺的把柄，就找了一群廉价的妓女指控他操纵卖淫。被妓女的哭诉打动的陪审团宣布卢西安诺有罪，法官判处他 50 年监禁。

卢西安诺没有充当污点证人来换取自由，也拒绝越狱。他安心地在监狱里做图书管理员，练就了一手好字，并继续遥控高墙外的生意。

黑手党想尽千方百计营救狱中的老大。当年的检察官杜威已升任纽约州州长——一个有权特赦卢西安诺的人。

杜威想竞选总统，这给了卢西安诺一次机会。他托人捎话："如果你竞选总统，我就提出上诉。人们会知道你如何唆使证人作伪证，妨碍司法公正。媒体愿意刊登任何攻击总统候选人的消息。"

卢西安诺还语带双关地威胁道："踩在一个流氓背上爬上州长宝座是一回事，如果你还能踩着我的背当上总统，而不给我一点好处，我就不是人养的！"

杜威同意假释卢西安诺。交易达成后，他还顺便要了 9 万美元作为自己的总统竞选基金。

1962 年，卢西安诺因心脏病发作去世。葬礼上，披挂着黄金面具的高头大马拉着镀金的灵柩缓缓穿过城市，梵蒂冈的红衣主教亲自赶来为他做安魂弥撒……

20 世纪 50 年代，纽约成为黑手党的活动中心，聚集了著名的五大家族：甘比诺、杰诺维斯、卢切斯、克隆博和伯纳诺。

政治上，纽约是民主党的坚固阵地，几乎所有经过选举的城市官员都是民主党人。然而，自 20 世纪 60 年代起，民主党的凝聚力开始逐渐减弱。如果说党派已经没有以前那么重要的话，就意味着利益集团的作用更大了。在纽约，主要的利益集团是工会。工会与民主党之间有千丝万缕的联系，为其竞选提供人力物力。而很长时间以来，能对这座城市的劳工运动施加强大影响的，就是黑手党。

纽约市的警察局有 4 万名警员，是这个国家最大的警察局。和所有一线的警察部门一样，它更多是反应式的，而非主动出击。与联邦调查局不同，纽约的警察局必须对所有市民的犯罪告发和服务请求做出回应。它的首要任务是打击街头犯罪、维护秩序，而非打击有组织犯罪，因为耗资不菲。所以，“我们的事业”得以在纽约坐大，触角遍及煤炭、制衣、建筑、出租车和肉类屠宰等行业。

有“三指头布朗”之称的卢切斯 1900 年出生于西西里，1911 年来到美国，1915 年的一次意外事故让他失去了一个指头。

身材短小的卢切斯最初在卢西安诺手下当保镖，两人都在马塞利亚手下效力。卢西安诺非常信任卢切斯，指使他干掉了马塞利亚和马兰扎诺。随着卢西安诺扶摇直上，卢切斯也跟着鸡犬升天。

他总是能抓住潮流，在制衣行业取得了巨大的成功，同时还经营着几家赌场，放高利贷。在贿赂官员方面，卢切斯长袖善舞，同各级政府官员都是朋友，比如时任美国司法部长助理的托马斯 · 墨菲。一个官员回忆道：“当卢切斯到墨菲家时，他们会在门口铺上垫子迎接。而墨菲夫妇也是卢切斯家庭晚宴的座上宾。”

1967 年，卢切斯去世。他的葬礼是黑手党历史上最壮观的，有 1000 多人到场悼念，他们是法官、商人和政治家。当然，也有职业杀手、毒品贩子和黑帮老大。

由于事先知道联邦调查局会对葬礼录像，卢切斯的家人放话说，如果哪位黑帮的大人物认为自己不便出现，他们表示充分的理解。的确有人没来，但都派专人敬献花圈以表哀悼。

另一个大家族叫“伯纳诺”。这个姓代表着最古老的西西里黑手党家族，然而它却是五大家族里实力最弱也最倒霉的一个。

1931 年，卢西安诺召开黑手党全国代表大会时，尽管约瑟夫·伯纳诺只有 26 岁，但出于对这个姓氏的敬畏，伯纳诺还是被选为家族教父，刷新了黑手党史上的纪录。

20 世纪 60 年代，卢西安诺等老一辈领袖已退出江湖，伯纳诺的时代终于到来。他蠢蠢欲动，发誓要成为卢西安诺第二。

伯纳诺必欲除之的第一个障碍，就是后起之秀卡罗·甘比诺。然而，甘比诺惯使政治手腕，他巧妙地避开了针对自己的暗杀后，并没有直接报复伯纳诺，而是唆使伯纳诺的手下格莱戈瑞另立山头，挑起伯纳诺家族的内战。然后，在黑手党全国委员会上，甘比诺游说其他成员剥夺了伯纳诺的教父资格，选举格莱戈瑞为伯纳诺家族的新教父。

从此，格莱戈瑞成了伯纳诺的靶子，而甘比诺则置身事外。伯纳诺家族的内战持续了好几年，双方损失惨重。美国媒体对伯纳诺倾注了极大的热情，《纽约时报》甚至开辟专版来报道这场黑帮家族的内讧。

甘比诺再次以救世主的面目出现，提出一个和平方案：伯纳诺和格莱戈瑞都退休，由加兰特——一个伯纳诺和格莱戈瑞都能接受的人，担任新教父，并负责监督停战协议的执行。

伯纳诺没有选择的余地，拒绝甘比诺的方案将被视为不顾大局的自私行为。1968 年，他落寞地退出了江湖。

然而，心有不甘的伯纳诺并没有销声匿迹，他找到了新的事业。1983 年，一本名为《一个恐怖的男人：约瑟夫·伯纳诺自传》的书出版，轰动一时，美国哥伦比亚广播公司的《60 分钟》节目为他做了一个专题。书中，甘比诺被描绘成见利忘义的小人和只会躲在幕后使阴招的懦夫。

在联邦调查局窃听电话的录音里，甘比诺的继任者保罗愤怒地质问伯纳诺："该死，你是想坐牢呢，还是写你的回忆录，把你的朋友们个个都写得都卑鄙龌龊？"即便争议不断，伯纳诺的自传却成为年轻一代黑手党徒了解自己历史的教科书，伯纳诺本人也从失败者一跃而成"黑帮偶像"。

还有一个家族的首领乔 · 克隆博被誉为公关大师，他是第一个利用合法手段与联邦调查局作对的黑手党教父。

20 世纪 60 年代爆发的伯纳诺家族内战引起了美国民众的公愤。一时间，媒体上充斥着对黑手党的谩骂和侮辱，公众对黑手党的恶评甚至波及到针对旅美的意大利人。为了挽回面子，克隆博控制的派拉蒙制片公司开始了史上最强的危机公关，于 1971 年推出以甘比诺为原型的电影《教父》。

这部电影史上的经典之作扭转了美国民众的认知：虽然黑手党内部仇杀不断，但他们并不滥杀无辜。相反，黑手党关心普通人，甚至在某种程度上代表着正义。

这种颠倒黑白的宣传手段引得各大黑帮纷纷效尤，以至于司法部长米歇尔火冒三丈道："克隆博这个杂种应该去竞选美国总统！"

然而，他不得不佩服这个"杂种"。如果不是克隆博的炒作，黑手党几乎要滚出美国了。

就在电影上映的前一年，克隆博成立了拥有 150 万会员的“保卫美籍意大利人公民权利联盟”，并在纽约组织了 10 万人的游行，迫使米歇尔下令禁止公开使用“黑手”一词，因为美籍意大利人认为这是一种种族歧视。

可以公开辱骂黑手党的好日子一去不复返。从 1970 年 7 月开始，人们在提到这个历史上最大的有组织犯罪集团时，最多只能说一个“黑”字。不过，克隆博也付出了惨重的代价。其他黑手党首领对他并不领情，反而厌恶怀疑。他们认为，否定黑手党的存在只会招致对它更多的注意。终于，甘比诺决定除掉克隆博。

1971 年 6 月 28 日，克隆博出现在一场集会上。一个戴着记者证的黑人向他靠近，就在两人相距不到一步之遥时，黑人掏出手枪快速地向克隆博的头部连发三颗子弹。

保镖立即开枪，打死了凶手。克隆博没有毙命，而是脑部受伤，成了植物人，七年后才一命呜呼……

甘比诺家族被称为唯一让政府束手无策的犯罪团伙。传奇教父卡罗·甘比诺也是继卢西安诺之后最著名的黑帮领袖，诉讼缠身，但从未被定罪。

说话轻柔，面带微笑的卡罗·甘比诺证明了自己的确是卢西安诺第二。他相信最有权势的人说话最少。暴力虽然使人恐惧，但那不是权力。真正的权力表现在眉毛微微扬起地点头和不容置疑的手势上。

甘比诺家族的第二代教父是保罗·卡斯特兰诺。保罗自诩为精明的商人，将引导黑手党走上合法创业的康庄大道。但是，他的兄弟们却鄙视他所谓的“热衷和平”，认为他是个“娘娘腔”。

甘比诺家族的生意包含两个部分：合法与非法。保罗是家族的三号人物，管理合法生意；而家族的二号人物安尼洛则控制着所有的非法生意。尽管安尼洛做了十年的二老板，但甘比诺死前却指定保罗为继承人，因为他相信渗透合法生意、控制工会和洗钱是黑手党的未来。

安尼洛服从了组织的安排，但他的手下并不服气，尤其是约翰·高蒂。这个未来的第三任教父很早就表现出对保罗的不屑一顾。在联邦调查局的录音中，高蒂称保罗为“喝牛奶的人”，保罗的儿子是“胆小的推销员”，保罗的智囊团是“犹太俱乐部”，并称保罗和他的副手“互相手淫”。

内部矛盾并未阻碍家族的发展。在保罗的领导下，甘比诺家族变得比过去更有权势，直到联邦调查局在保罗的卧室安装了窃听器。这次窃听是美国扫黑史上最有成效的措施，指挥窃听行动的奥布赖恩被授予执法官所能获得的最高荣誉——功勋奖章。

1985 年，美国政府把保罗送上被告席，检察官掌握的材料足以彻底摧毁甘比诺家族。但是高蒂抢先一步，用 3 颗子弹永远堵住了保罗的嘴。由于对死人的窃听记录不能作为法庭证据，超过 7000 页的起诉书在几分钟内变成了一堆废纸。

然而，随着《反犯罪组织侵蚀合法组织》等相关法律的出台，以及一整套证人保护计划的实施，美国黑手党日薄西山。随着约翰·高蒂的被捕，属于黑手党的黄金时代一去不复返。

不过，这并不意味着黑手党从此在美洲大陆绝迹。虽然许多头目被监禁和谋杀，但自有后来者顶替，犯罪手段也与时俱进，无时无刻不在考验立法者的智慧和执法者的勇气。

海森堡与玻尔的历史公案：纳粹德国为何没能造出原子弹

>>

海森堡宣称，德国科学家从一开始就意识到原子弹所引发的道德问题，但对国家（不是纳粹）的义务又使他们不得不投入到工作中去。因此，他们心怀矛盾，消极怠工，有意无意地夸大了制造的难度，并在1942年使高层相信原子弹研究没有实际意义。

曾经在国家大剧院上演的话剧《哥本哈根》是一部由伊万·麦克格雷编导的风靡全球的翻案剧，它于1998年在伦敦皇家剧院首演后，进军法国和百老汇，引起轰动，斩获了包括英国标准晚报奖、法国莫里哀戏剧奖和美国东尼奖等一系列国际大奖。

《哥本哈根》讲述了“量子理论之父”玻尔和他的妻子玛格丽特以及发现了“不确定性原理”的海森堡死后在天堂相聚的故事。三个人不断地回首前尘往事，追寻1941年一次会晤的前因后果。维度的错乱，简洁而富有深意的对话，平淡到极致的布景，如梦如幻，引人入胜。

创立了互补性理论的玻尔，于1922年获得诺贝尔物理学奖。二战爆发后，他逃往美国，参与“曼哈顿计划”，和费米、奥本海默共同研制成功了第一颗原子弹。海森堡则于1932年因“测不准原理”获得诺贝尔物理学奖，后为希特勒秘密研制原子弹未果。二者都是现代物理学史上的重量级人物。但可悲的是，这对情同父子的师生由于立场相左，二战后分道扬镳。

1941年，已开始主持希特勒原子弹计划的海森堡去哥本哈根拜访恩师玻尔，两人进行了一次密谈，结果不欢而散。二战结束后，落入盟军手中、面对无数指责的海森堡辩称自己是科学英雄，利用职务之便，暗中挫败了希特勒研制核武器的企图，而其1941年与玻尔的会面不过是为了说服恩师同自己一样，阻止美国方面的核武研究，从而避免足以摧毁全世界的核战争。然而，愤怒的玻尔认为海森堡是替德国人来打探盟军的研究进度的，不容他讲完自己的想法便将其拒之于千里之外。

如果说玻尔和爱因斯坦关于“上帝到底掷不掷骰子”是二十世纪科学史上最著名的辩论，那海森堡在二战中所扮演的角色恐怕就是二十世纪科学史上最大的谜题。不计其数的历史学家为此聚讼纷纭，争论一直持续到今天。

纳粹德国为什么没能造出原子弹？战后，几乎所有人都在问这个问题。

不错，美国造出了原子弹，他们有奥本海默，有费米，还有玻尔，阵容是如此华丽，以至于坐落于洛斯阿拉莫斯的原子能研究中心被称作“诺贝尔得奖者的集中营”。但德国也不差。的确，希特勒的犹太政策赶走了国内几乎一半的精英，纳粹上台的第一年，就有大约 2600 名学者离开德国，四分之一的物理学家从德国的大学辞职。轴心国流失了 27 位诺奖获得者，其中包括爱因斯坦、薛定谔、费米、泡利这些最杰出的物理学家，但德国凭其惊人的实力仍保有对抗全世界的科研能力。

战争刚一爆发，德国就展开了核研究计划。1939 年，全世界只有德国在进行原子能的军事应用项目。在捷克斯洛伐克，德国占领着世界上最大的铀矿。同时，德国有世界上最强大的化学工业。并且，仍然拥有世界上最顶尖的科学家，原子的裂变现象就是两个德国人哈恩和斯特拉斯曼在前一年发现的。除此之外，还有劳厄（1914 年诺贝尔物理学奖得主）、盖革（盖革计数器的发明者）、魏扎克以及定海神针海森堡。所有这些科学家都参与了希特勒的原子弹计划，成为“铀俱乐部”的成员，海森堡是这个计划的总负责人。

然而，事实却是，德国没能造出原子弹，甚至连门都没入。自 1942 年起，德国似乎已经放弃了原子弹计划，改为研究制造一个提供能源的原子核反应堆。主要原因在于海森堡向军备部长斯佩尔报告说，铀计划因技术原因短时间内难以产生任何实际的结果，造出原子弹的可能性不大。同时，海森堡又使斯佩尔相信，德国的研究仍处于世界领先的地位。斯佩尔将这一情况报告给了希特勒。

由于战事紧迫，德国的研究计划被迫采取一种急功近利的方法，所有不能在六周之内见效的计划都将被暂时搁置。于是，希特勒和斯佩尔达成共识：对原子弹不必花太大力气，不过既然在这方面仍然“领先”，也不妨继续拨款研究下去。

出人意料的是，海森堡为“继续研究下去”所申请的预算只有35万帝国马克，近乎杯水车薪。

1944年，纳粹秘密警察首脑希姆莱重新注意到原子弹计划。他下令拨款，推动原子弹的研究，并建造了几个新的铀工厂。可惜彼时战争已进入尾声。

1942年的报告究竟怎么回事？海森堡在其中扮演了什么样的角色？答案扑朔迷离，历史学家各执一词。

1944年，盟军在诺曼底登陆，形成两面夹攻之势。1945年4月，纳粹德国大势已去，欧洲战场的胜利已经注定。摆在美国人面前的任务是尽可能地搜罗德国残存的科学家和设备，以免落到苏联手里。

和苏联人比赛抢占柏林已然无望，美国转向南方，很快俘获了德国铀计划的科学家，缴获了大量资料。当时，海森堡已逃回厄菲尔德的家中，此地尚在德国人手中。为了得到海森堡这个“第一目标”，盟军派出一支小分队，于5月3日——希特勒夫妇自杀后的第四天，在海森堡家中抓住了他。

海森堡很有风度，礼貌地介绍了自己的妻子和孩子，并问那些美国大兵觉得德国的风景如何。

5月7日，德国投降。十位最著名的德国科学家被秘密送往英国，关在剑桥附近一幢称为“农园堂”（Farm Hall）的房子里。这里装满了窃听器，他们的谈话全部被记录下来。

8 月 6 日，广岛原子弹爆炸的消息传来，这让每一个农园堂里的人都目瞪口呆。毫无心计的哈恩当场对海森堡说：“你只是一个二流人物，不如卷铺盖回家吧。”还前后说了两次，深深地刺激了自尊心极强的海森堡，也为他后来的表现埋下了伏笔。

战后，科学家们被释放，专家和公众开始对德国为什么没能造出原子弹展开讨论。以德国科学家一贯的骄傲，承认自己技不如人是绝对无法接受的。广岛核爆后的第三天，海森堡等人不顾还在监禁状态下的事实，起草了一份备忘录，声称：

1. 原子裂变现象是德国人哈恩和斯特拉斯曼在 1938 年发现的。

2. 直到战争爆发，德国才成立了相关的研究小组。但从客观条件来看，德国并无造出原子弹的可能。因为，即使技术上存在着可能性，仍然有资源不足的问题，特别是需要更多的重水。

回到德国后，海森堡又起草了一份更详细的声明。称德国小组早就意识到铀 235 可以作为反应堆或者炸弹来使用，但是从天然铀中分离出稀少的同位素铀 235 是一件极其困难的事。

海森堡说，分离出足够的铀 235 需要大量的资源和人力，这项工作在战时难以完成。同时，要保障链式反应顺利进行，需要一个原子反应堆。制造原子反应堆又需要中子减速剂。最理想的减速剂是重水，但对德国来说，唯一的重水来源是挪威的一个工厂，而它被多次破坏，已无法使用。

总之，海森堡的潜台词是：德国科学家和盟国科学家在理论和技术上的优势是相同的。但因为德国缺乏相应的条件，因此放弃了这一计划。

并且，海森堡宣称，德国科学家从一开始就意识到原子弹所引发的道德问题，但对国家（不是纳粹）的义务又使他们不得不投入到工作中去。因此，他们心怀矛盾，消极怠工，有意无意地夸大了制造的难度，并在 1942 年使高层相信原子弹研究没有实际意义。正好外部环境的恶化也让实际制造成为不可能完成的任务，德国科学家松了口气——他们不必面对道德悖论去做两难决定了。

这种说法不仅让德国人保持了科学上的优势，又站在了政治正确的制高点上，可谓两全其美。

然而，曼哈顿计划的重要领导人古德施密特却被惹火了。他认为海森堡纯属胡说八道。

古德施密特指出，1942 年海森堡的报告说难以在短期内制造出原子弹，根本原因是德国人算错了参数，他们真的相信不可能造出它，而不是出于人道主义的立场与纳粹虚与委蛇。古德施密特地位特殊，手里掌握着许多核心资料，甚至包括德国的秘密报告。他出了本名为《ALSOS》的书，详细介绍了曼哈顿计划的过程，同时斥责海森堡的说法是无稽之谈。

海森堡岂肯罢休？两人在《Nature》杂志上公开辩论，打了多年的笔仗，最后私下讲和，不了了之。

战后，西方弥漫着一种对海森堡的厌恶情绪。当海森堡访问洛斯阿拉莫斯时，当地的科学家拒绝同他握手，因为他是“为希特勒制造原子弹的人”。

海森堡忿忿不平：那些“实际制造了原子弹的人”竟然拒绝与他握手！在他心中，盟军的科学家比自己更应在道德上予以谴责。但后者认为，只有为希特勒制造原子弹才是邪恶的，而以消灭法西斯为目的研究这种武器，代表的是正义。

这种认识的差异存在于双方阵营之中。魏扎克曾激动地说：“历史将见证，是美国人和英国人造出了一颗炸弹，而德国人——在希特勒政权下的德国人——只发展了铀引擎动力的和平研究。”

在美国人看来，这种声明极其可笑。要是德国人真的造出原子弹，恐怕伦敦已从地球上消失了。

而且，即使海森堡在 1940 年就意识到铀炸弹是可能的，但这不代表他确切知道怎样去制造啊。海森堡在 1942 年意识到以德国的环境，分离铀 235 十分困难，但这并不意味着他知道到底要分离多少铀 235。事实上，海森堡错误地估计了工程量。为了维持链式反应，至少要有一个最小量的铀 235 才行，这个质量叫“临界质量”，海森堡在 1942 年认为需要几吨的铀 235 才能造出原子弹，但其实只要几十千克便足够了。

最直接的证据就是 Farm Hall 的录音资料。

当德国科学家得知广岛的消息时，震惊不已。海森堡最先发话：

“我不相信这个原子弹的消息，当然我可能错了。我以为他们（盟国）可能有 10 吨的富铀，没想到他们有 10 吨的纯铀 235！”显而易见，海森堡仍固执地认为，一颗核弹要几吨的铀 235。

至于反应堆，其实石墨也可以做很好的减速剂，美国人就用的石墨。可当时海森堡委派波特去做实验，结果谬以千里，显示石墨不适合运用在反应堆中，于是德国人只好在重水这一棵树上吊死。

照此看来，德国当年在理论和实验上都错了。

20 世纪 30 年代是量子力学的黄金时代，科学没有国界。可是纳粹上台后，一切都变了。

海森堡和犹太籍的玻尔异乎寻常的关系在纳粹看来非常危险。当时的德国报纸称海森堡是“白犹太人”，盖世太保曾经想过逮捕甚至杀害他。在那种情况下，海森堡其实已无选择，要么宣誓孝忠纳粹德国，要么死路一条。他选了前者，同时也天真地以为，在战争年代，必须和祖国保持一致。

而身为犹太人的玻尔则是整个丹麦的骄傲。当时，他们一家居住的城堡是丹麦王国和嘉士伯基金共同赞助的。1941 年德国入侵丹麦，丹麦抵抗了 3 天就投降了。随后签了一个协定，德国成为丹麦的保护国，但丹麦政府可以自由决定如何对待境内的犹太人。

在此背景下，再看 1941 年海森堡和玻尔的哥本哈根会晤，也就是《哥本哈根》一剧所探寻的那个场景，愈觉意味深长。

关于这场历史性的会面，讨论是如此之多，以至于玻尔的家属提前 10 年（原定保密 50 年）公布了他一些未寄出的信件，其中谈到了

1941 年的会面（玻尔生前对此只字不提），于 2002 年引发了热议。

在这些首次被披露的信件中，可以清楚地看到玻尔对海森堡来访的态度。

玻尔明确地说，他清楚地记得当年的每一句谈话。他和妻子玛格丽特都留下了强烈的印象：海森堡和魏扎克千方百计地试图说服玻尔，德国的最终胜利不可避免，因此采取不合作的态度是不明智的。

丹麦境内的犹太人，是受到了保护的。但对海森堡而言，秘密访问玻尔，还是很危险的。所以在《哥本哈根》里，玻尔一遍又一遍地问海森堡：你为什么来这里？

后人对这次访问和德国原子弹计划之间的联系做了许多猜测。但可以确定的是，出于对玻尔的爱戴，海森堡此行的一大目的，是为了证实玻尔在丹麦的安全是否得到保障。

1962 年，在诺贝尔奖颁奖典礼上，海森堡又遇到玻尔，恳求他就那个声明进行一次面谈。玻尔说，好吧，明天吧。但第二天玻尔就因身体不适提前离开斯德哥尔摩，几天后便去世了。

为什么国营企业
在晚清办不下去

>>

没有服务意识，不懂仆人理论的企业终将被历史所淘汰。就像撒切尔夫人所说的那样："领导跟美女是一样的，如果老想提醒别人'你是'，你就肯定不是。"从这个角度看，领导不是高高在上的定义，而是众望所归的人心。

1916 年 5 月，中国银行（前身为大清银行）上海分行的门前人头攒动，挤兑的队伍排到了几条街外，时任分行副总经理的张公权在日记中写道："余自寓所到行，距离三条马路，人已挤满。勉强挤到门口，则挤兑者争先恐后，撞门攀窗，几乎不顾生死。乃手中所持者，不过一元钱或五元纸币数张……"

第一天，提现者达两千多人，第二天丝毫没有减退的迹象。第三天是周六，本该休息，为应付兑现，银行照常开门，并登报公告以安人心。

周末一过，挤兑者锐减到 100 多人，风潮渐渐平息。

不久前，为摆脱北洋政府财政枯竭的窘境，总统府秘书长梁士诒主动请缨，向袁世凯建议，把由他控制的交通银行与中国银行合并，以集中现金，为政府所用。

两行为政府买单，已连续三年滥发钞票。此番合并的消息传出，立刻在京津引起恐慌。

挤兑之下，银行库存告急。国务院为稳定金融，下令两行停止兑现。

命令到沪，时任中国银行上海分行总经理的宋汉章和他的副手张公权竟公然抗命。

在张公权看来，一个银行若不能兑现，等于卡住自己的脖子，日后便无法营业了。因此，在他的竭力说服下，宋汉章盘点了库存，同汇丰等十家外国银行订立了 200 万元的透支契约，并遣人去南通向张謇求助。

于是，与交通银行遵照“停兑禁提”的命令形成鲜明对比的是中国银行的来者不拒，而宋汉章和张公权也因此名动一时，被媒体称为“有胆有略的银行家”。

经此一役，中行上海分行誉满天下，存款滚雪球般与日俱增。张公权再接再厉，开始谋求中国银行的民营化。

彼时黎元洪上台未久，段祺瑞作为国务总理重新组阁，梁启超被任命为财政总长。

在梁的支持下，张公权启动了大刀阔斧的改革，成立董事会和股东会，扩大招募商股。

截至 1922 年，民营资本已占中国银行股本总额的 99.75%，昔日的中央银行竟就此实现了民营化，并一跃而成规模最大、实力最强、信誉最好，占全国银行总资本五分之一的明星企业。

由此可见，银行存在的意义不是与民争利，阻挠改革，而是使金钱的融通更有效率，惠泽普罗大众。

1872 年春，28 岁的盛宣怀步履轻快地走进刚刚就任直隶总督兼北洋大臣的李鸿章的府邸，呈上自拟的《轮船招商局章程》。

在这份近代中国第一部规范的公司章程中，盛宣怀首次提出“官督商办”的理念。不久，被李鸿章称为“开办洋务四十年来最得手文字”的轮船招商局挂牌营业。

曾几何时，上海的沙船运输业欣欣向荣。从南往北输漕粮，自北向南运大豆，一艘沙船一年可往返七、八次，获利颇丰。

上海港鼎盛时期有沙船 5000 艘，水手 10 多万人。

然而，随着《南京条约》和《北京条约》的签订，沿海港口次第开放，无论是速度、载重、安全还是价格都全面超越沙船的西洋商轮蜂拥而至，将传统的沙船客、货运输逼到了穷途末路。

1869 年，苏伊士运河通航。两年后，欧亚海底电缆远东段铺设到上海，更多的洋轮纷至沓来，沙船业雪上加霜。放眼望去，黄埔滩上搁浅着成百上千条木船，任凭风吹日晒，自然腐烂。

绝望的船主联合向官府呈文，恳求将漕运生意划归中国沙船专营，外商不得插手。

时任两江总督的李鸿章被呈文里的一段话打动了：如果沙船业破产，不仅仅是十余万船工失业的问题，还可能激起民变，进而威胁到朝廷的漕粮运输线。

李鸿章把呈文转给负责外交和通商的总理衙门，并极力推动此事，终于得到回复：招商集股，购买洋轮，组建中国自己的轮船公司。

不难看出，船主和船工的死活根本不在朝廷考虑的范围之内，庙堂的关注点集中于帝国主义亡我之心不死……

但不管怎样，洋务运动兴起以来第一家非军工、从事民用业务的现代公司轮船招商局总算敲锣打鼓地开张了。

按照章程，户部拨款 20 万串钱作为开办企业的资本，“以示信于众商”。

然而，由于章程没有对商股的权利和义务作明确的界定，却蛮横地规定：招商局由政府管理，政府只收取官利，不负责盈亏。

这挫伤了胡雪岩等巨商投资招商局的积极性，引资陷入困顿。

拖到年底，招商局不得不进行首次改组，重拟条规，强调凡持有股份者都能享受分红。同时，李鸿章还砸重金从英商在华开设的怡和洋行与宝顺洋行挖来航运业名望最高的两个 CEO 唐廷枢和徐润，分别充任总办与会办，而为招商局的草创奔走已久的盛宣怀只能屈居第三，充分体现了一个垄断国企思危求变的诚意。

唐廷枢受过系统的英式教育，时人称其“讲起英语来就像一个英国人”。在他的主持下，怡和洋行曾先后开辟上海至福州的轮船航线及上海对马尼拉的航运，获利颇丰，以至于竞争对手旗昌洋行的老板在一封信中评价道：

在取得情报和兜揽中国人的生意方面，(唐廷枢)能把我们打得一败涂地。

徐润则是最早预见长江航运重要性的买办。在他的建议下，宝顺从香港购进一艘“总督号”，稍事装修后投入航运。该轮客货两用，还可拖带 4 艘钩船，每条能载货 600 吨，从上海到汉口一个往返便收回了所有成本。

此后，徐润又为宝顺购置多艘江轮，在上海建成唯一一座能容纳海轮的大船坞，并陆续开通了上海到横滨、长崎的航线，每年进出口总额高达数千万两白银。

为引入完整的西方管理模式，李鸿章让唐、徐二人放手去干，并答应其提出的“局务由商任，不便由官任”的要求，剔除官办元素，按照“买卖常规”招募股份。

新的章程出台后，股票转而深受私人投资者的欢迎，很快便招到 50 万两民资。招商局仿照洋行“以一百两为一股，给票一张，认票不认人”“以收银日为始，按年一分支息，一年一小结，总账公阅，三年一大结，盈余公派”。

中国第一家具有规范公司产权制度的股份制企业正式诞生。

由于运营方针从之前官方制定的“承运漕粮，兼揽客货”改为

“揽载为第一义，运漕为第二义”，招商局的主营业务放到了客货运载上，同洋商爆发了激烈的竞争。

彼时，势力最大的旗昌和太古联手订立了“齐价合同”，垄断航运业务。而招商局则在唐、徐二人的悉心运作下同洋行打起了价格战，短短 4 年便把旗昌逼到绝境，100 两面值的股票跌至 70 两，其股东会最终决定退出航运业，把公司转卖给招商局，开价 220 万两。

当时的招商局只有 11 艘轮船，总资本不过 75 万两，根本拿不出这么多钱。

无奈之下，唐、徐找盛宣怀商议，后者大为赞许，并表示愿意出面筹款。

盛宣怀先找到李鸿章，答复是“费巨难筹”；又找到两江总督沈葆桢，对方正在筹备福建船政局，也以“无款”拒之。

盛宣怀并不气馁，奔走于京沪之间，再三向李鸿章晓以利害，终于说动其拨银 50 万两。又同沈葆桢反复磋磨，借到 50 万两。

带着勉强凑齐的 100 万两，盛宣怀同旗昌谈判，软硬兼施，终于使其同意先支付 120 万两，余款分五年还清。

招商局一口吃下旗昌，成为中国水域内最大的轮运企业。此后，利润连年翻番，截至 1881 年，还清所有欠款后还盈余 100 多万两，成为清政府规模最大、效益最好的民用国企，其轮船试航远至伦敦与旧金山，全球为之侧目。

举朝因此眼红。

早在 1877 年就有御史上奏说“轮船招商局关系紧要，亟需整顿”，提出要收归国有，得到许多官员的响应。

李鸿章当即反驳，在强调招商局之于国家富强的意义后，耐心普法，说创办时就奏明“盈亏全归商认，与官无涉。诚以商务由商任之，不能由官任之也。轮船商务，牵涉洋务，更不便由官任之也”。

由于李鸿章的坚持，收归国有之议不了了之。

1880 年，国子监祭酒王先谦接过大旗，继续抹黑招商局，上奏说“归商不归官，局务漫无钤制，流弊不可胜穷”，再次提出要收归官办。

此番弹劾，呼应比以往强烈得多。李鸿章深知最受反对派忌恨、最为朝廷担心的，是商办企业对政权所起的作用究竟是巩固还是削弱。因此，他列举了招商局几年来的成就，证明正是该局使洋人在长江水运所得之利大为减少，得出“其利固散之于中华，关乎国体商务者甚大”的结论。

遣词用“中华”而非“华商”，说明其深悉朝廷对私人获取巨额利益仍心存警惕，故刻意回避。

接着，他开始讲道理，说政府应遵守早先订立的章程，如果“朝令夕改，则凡事牵掣，商情涣散。已成之局，终致决裂，洋人必窃笑于后，益肆其垄断居奇之计。是现成生意，且将为外人所得，更无暇计及东西洋矣！”

值得注意的是，他强调朝廷要信守前诺的立论基础并不是政府必须尊重“契约论”，而是一旦违约、生意受损的后果将是洋人垄断得利这种“民族大义”的口号。因为李鸿章清楚，素无法制观念的清廷是不会把跟私人订立的条约放在眼里的。

在总理衙门的支持下，招商局再次涉险过关。

然而，即使是李鸿章，也于奏折中一再表明，对招商局并非“官不过问”，仍要尽到督管之责。

红线若隐若现。

1882年，招商局重金猎来原太古CEO郑观应，委以帮办之职。

郑观应是个思想家，后来写了本《盛世危言》，疾呼改革，惊动了光绪帝，启蒙了包括毛泽东在内的一代国人。

对官僚插手的警觉，郑观应比唐廷枢和徐润更为敏感。他曾言：“官之与民，声气不通”，工厂企业“一归官办，枝节横生。或盈或亏，莫敢过问”。

在他的撺掇下，三人达成共识，联名给李鸿章打了一份报告，希望将局中剩余官款“依期分还，利息陆续缴官，嗣后商务由商任之，盈亏自认，请免派员”。

这就挑战李中堂的底线了。

他再开明，办企业的目的也是富国强兵，顺便给自己治下的北洋找一块稳定的财源。而招商局一旦民营，便彻底失去了控制，无论如何都不能接受。

更何况，唐廷枢和徐润也非无可指摘，一边经营着招商局，一边还创办了物流公司长源泰与中国第一家保险公司仁济和，关联交易极多，难免给人上下其手的观感。

一直觊觎总办宝座的盛宣怀觉得机不可失，当即密报李鸿章，诋毁唐、徐办事无能，有两大罪状：一是聘请洋人管事，不合大清体统；

二是任用私人，局中同事多为亲戚。

其实，盛宣怀所云，在当时的民企实属常事，但在体制内看来，却是乖谬悖理。

不久，上海爆发金融危机，曾挪用招商局 16 万两公款炒房的徐润东窗事发，李鸿章委派盛宣怀严肃查处。

在给朝廷的奏报中，盛宣怀建议对徐润做革职处理，并如数赔偿。徐润提出，自己在招商局 11 年，仅领薪水 2.5 万两。而作为出资股东，按章程他可提取两成分红，能不能用这笔钱抵消所欠局款。

结果遭到断然拒绝。

徐润职权被夺，股权尽失，倾家荡产。次年，唐廷枢也被调离招商局，盛宣怀终于得到了梦寐以求的总办之职。

上任后，他当即宣布朝廷将“派大员认真督办，用人理财悉听调度”。等委任状下来，众人发现所谓的“督办”正是盛宣怀自己。

时人以“挟官以凌商，挟商以蒙官”讦盛，其言不谬。

一手官印、一手算盘的盛宣怀逼迫其他私人股东一一撤股，至 1890 年，民间资本占招商局资本总额的百分比已锐减到巅峰时期的一半。而盛宣怀则在公司内部编织了一套完全以自己为核心的垂直控制网，形成“盛股独多”的局面。

自此，国营企业的一切弊端开始在招商局身上淋漓尽致地呈现。

首先，体制僵化，管理混乱，挂名分肥的冗员越来越多，无人再对企业的利益负责。

其次，贪污成风。在航运业务中，夹带私货，少报客位，捏造开支成了公开的秘密。

最后，政府把招商局当成了提款机，以各种名目摊派，甚至外国官员到华访问，也命其出船免费护送。

此外，还有层出不穷的“捐款”项目。仅盛宣怀本人，便以创办北洋大学堂、南洋公学等为名，要求招商局每年捐款 8 万两。

郑观应在 1909 年算了笔账，招商局历年的各类“报效”费用高达 130 万两，相当于公司总股本的三分之一。

很快，招商局在长江航运中的优势便消失殆尽。太古、怡和卷土重来，再度横行于中国江海。

更可笑的是，为了照顾招商局，李鸿章原本专门给予其漕运以政策性扶持。但逐渐连漕运业务也出现亏损（至 1911 年已净亏 100 万两），军队纷纷转投洋商怀抱，私下与之签订装运军饷的合同……

1884 年是招商局的分水岭。

这一年，盛宣怀夺权，国进民退。而与此同时，日本则传出一条可资参照的新闻：明治政府将其最大的造船企业、几乎与招商局同期创办的长崎造船所以 1 日元的象征性价格“出售”给民营企业家岩崎弥太郎。

此即后来的三菱株式会社。

明治维新之初，日本设立工部省，同洋务运动一样，怀着“师夷长技以制夷”的初衷，掀起了由政府主导的工业化浪潮。

但与天朝不同，日本朝野很快便意识到官办企业弊端太大，必须改弦更张，推行民营。首相伊藤博文曾撰文阐述，说政府创办各种企业的目的之一是“示以实利，以诱人民”。当这些企业在引进先进技术和设备以及培养工人方面完成了历史使命后，就应该出售给民间商社。

然而，国企私营化的过程并非一帆风顺。对国有资产被贱卖给一些有势力的商人，日本国内舆论大哗，骂声四起，甚至曝出各种政治丑闻。

但阵痛之后，私营化的公司均通过裁员和追加投资等措施扭亏为盈，不仅解决了就业，更成为支撑日本经济高速发展的中流砥柱。

两种不同的路径选择，导致了中日两国后来截然不同的国运。对此，经济学家杨小凯反思道：

> 洋务派官员坚持官办、官商合办、官督商办的制度，以此为基础来模仿发达国家的技术和工业化模式。这种方法使得政府垄断工业的利益与其作为独立第三方发挥仲裁作用的地位相冲突，使其既是裁判，又是球员，因此利用其裁判的权力，追求其球员的利益。这种制度化的国家机会主义使得政府利用其垄断地位与私人企业争夺资源，并且压制私人企业的发展。

亚当·斯密的名著《The Wealth of Nations》被翻译为《国富论》，而更准确的译法是王亚南的《国民财富的性质和原因的研究》。民贫国衰，民富国强，这个更看重自己另一本著作《道德情操论》的思想家念兹在兹的其实是国民的财富。

1914 年，以“天下票号之首”的日升昌宣布破产为标志，中国的金融中心从平遥古城迁至上海。

半年后，上海银行在宁波路的一个石库门房子里开张，资本 7 万银元，职工仅 8 人，总经理是 34 岁的宾夕法尼亚大学毕业的高材生陈光甫。

他问员工：“我们该怎么服务于顾客？”

员工答：“不论顾客办理业务的数额是多少，1000 元还是 100 元，我们都要热情接待。”

陈光甫道：“你们只答对了一半。他就是一分钱不办，我们还是要热情接待。”

上海银行不是第一家民资银行，却是首家同国际金融规范全面接轨的银行。陈光甫一反将揽储对象定位于政府、企业和有钱人的惯例，把目光对准了普通市民，破天荒地推出“1 元账户”，即只要有 1 元钱，便可开户，上海银行因此被同行讥笑为“1 元银行”。

然而，正是这种平民理念让陈光甫别开天地，20 年间拓展了 80 多家分行，甚至在美国和英国都设有分支机构，成为首屈一指的金融巨头。

《圣经》有云：“你要引领谁，就得伺候谁。”没有服务意识，不懂仆人理论的企业终将被历史所淘汰。就像撒切尔夫人所说的那样：“领导跟美女是一样的，如果老想提醒别人‘你是’，你就肯定不是。”

从这个角度看，领导不是高高在上的定义，而是众望所归的人心。

当年，《大公报》在报道日升昌倒闭的新闻时写道：

彼巍巍灿烂之华屋，无不铁扉双锁，黯淡无色；门前双眼怒突之小狮，一似泪下，欲作河南之吼，代主人喝其不平……

秦人不暇自哀而后人哀之，后人哀之而不鉴之，亦使后人复哀后人矣。

第三章　见众生

>> *creatures*

> 他们就像某个后启示录题材的电影里，在漆黑一片的废土之上重新点亮白炽灯，给人们带来久违的光和热，然后拂尘而去。他们不再寻找爱情，只是去爱；不再渴望成功，只是去做；不再追逐成长，只是去修。

力与命相持：
第一公民梁启超

>>

望着苍茫的太平洋，梁启超心事沉重，思绪万端，写下“忍慈割泪出国门，掉头不顾吾其东”的诗句。

很多年后，当闻一多向他的学生们“表演”梁启超讲授古乐府《箜篌引》的情形时，依然情绪激昂。他模仿道：“梁任公先把那首古诗写在黑板上，然后摇头摆脑地朗诵一句‘公、无、渡、河’，接着大声喝彩，叫一声‘好’，然后再重复地念‘公、无、渡、河’，‘好！实在是好’。梁任公这样自我陶醉地一唱三叹，一声高过一声，并无半句解释。然后黑板一擦就算讲完。”

闻一多两手一摊，正告弟子：“大师讲学，就是这样！”

公元1873年2月23日，梁启超出生在广东新会县。

一个新时代的启蒙者；一个影响了清末民初三十年政局的活动家；

一个让青年毛泽东深受震撼，亦步亦趋的思想家；一个胡适口中“读了他的文字像受到电击”的文学家，拉开了他人生大戏的帷幕。

新会梁家，世代耕读。不过，祖父梁维清只中了秀才便止步不前。父亲梁宝瑛连秀才都没考上，当了一辈子童生。梁家将希望寄托到梁启超身上。

梁启超是五百年一遇的天才，6 岁便读完了四书五经，9 岁能写千字文章，吟诗作对的本领更是令人惊叹。

父辈们都还记得他 10 岁那年的一件往事。当时，梁宝瑛的老友李兆镜给梁启超出了一个上联，叫“推车过小陌”，梁启超不假思索便对出了下联“策马入长安”。

梁启超 11 岁考中秀才，16 岁考中举人。主考官李端棻见他文采超群，风华正茂，当场将自己的堂妹李蕙仙许配给他。

梁启超是幸运的，李蕙仙温柔贤惠，与梁举案齐眉，为他生育了 3 个子女，长女思顺、长子思成和次女思庄。随李蕙仙陪嫁的两个丫鬟里，有一个叫王桂荃，后来做了梁启超的侧室，为他生养了另外 6 个子女：思永、思忠、思达、思懿、思宁和思礼。王桂荃聪明勤快，1929 年梁启超去世后，她独自一人将一众子女培养成才。

1890 年，17 岁的梁启超在同学陈千秋的引荐下拜会了 33 岁的广东南海人康有为。

初次见面，两人从早上 8 点聊到晚上 7 点。此前梁启超接受的是传统教育，康有为给他打开了一扇西学的大门，立宪、维新、变法，各种新词迎面扑来。梁启超觉得以往所学不过是科举考试的敲门砖，不是真正的学问，故当场拜康有为为师。彼时的梁启超已是举人，康有为却只是一名监生。

康有为在广州修建了一所万木草堂，开馆授徒。万木草堂为期一年的学习使梁启超获益匪浅，后来他回忆说："一生学问之得力，皆在此年。"同时，梁启超的学识和辩才也在康有为的一众弟子中脱颖而出。

那是一个内忧外患困扰的时代。平民以不谈国事为戒律，政府贪污腐化无能，对外希望妥协可以换来短暂的和平，对内则盘算着同洋务运动后兴起的民营企业家争夺财富。

1895 年春天，梁启超跟康有为一道进京参加会试。4 月，《马关条约》签订的消息传来，举子们集体愤怒了。在康有为的振臂一呼下，1000 多名举人签名上书，敦促朝廷拒绝和议，着手改革，史称"公车上书"。

这次会试，康有为高中进士，梁启超却榜上无名。出现这样的结果并不奇怪，因为主考官是守旧派的代表徐桐，对变法维新深恶痛绝，凡是文章中有离经叛道之语的，都摒弃不录。巧合的是，徐桐先看到梁启超的考卷，见通篇都是恣意发挥的今文经学的微言大义，以为是康有为所作，当即刷了下来，而康有为的考卷却因此侥幸过关。即便如此，副考官李文田还是颇为欣赏梁启超的文采，在文末惋惜地批道："还君明珠双泪垂，恨不相逢未嫁时。"

公车上书如泥牛入海，杳无音讯，康有为决定另辟蹊径宣传维新思想。1895 年 8 月，他创办了《万国公报》，随《京报》发行，给王公大臣赠阅。梁启超作为主要撰稿人，写下大量介绍西方、宣传变法的文章，用饱含深情的文笔打动了许多上层人士，以至于当康有为发起成立“强学会”时，张之洞、刘坤一等封疆大吏纷纷慷慨解囊，出资赞助。

康、梁的活动引起了守旧派的不满。次年 1 月，清廷强行解散了强学会。康有为应汪康年之邀，携梁启超南下上海，筹办《时务报》。《时务报》的名篇几乎都出自梁启超之手，他反对自强运动中的技术决定论，认为政治的改革比技术的输入更为重要。

梁启超主张，中国政治改革的关键是彻底改革教育制度。基于此，当湖南开办时务学堂，黄遵宪推荐他为总教习时，梁启超欣然领命。

1897 年秋，梁启超抵达长沙。他的名字点燃了人们的热情，4000 多名年轻人到长沙参加入学考试，结果只有 40 人被录取。梁启超向学生宣传排满的激进思想，秘密重印和散发黄宗羲的禁书《明夷待访录》。在为学生题写的评语中，梁启超直言不讳地提到，17 世纪灭亡明朝的过程中满人犯下了累累暴行，这在当时无疑犯了大忌。

1897 年冬，德国强占胶州后，梁启超对清廷痛恨不已，直接向湖南巡抚陈宝箴提议，如有必要，湖南应宣布脱离北京的中央政府。

在此期间，梁启超也不忘结交权贵，为康有为援引势力。当他去拜会湖广总督张之洞时，正值张的侄儿娶亲，宾客盈门。张之洞听说梁启超前来，当即撇下宾客，大开中门，将他迎进内厅，与之彻夜长谈。

国家命运危在旦夕，康有为回到北京，再次向清廷上书请求变法。和以往的上书不同，他的请求得到了朝廷肯定的答复。1898 年 6 月 11 日，光绪发布上谕，宣布变法。

6 月 16 日，康有为接旨，入宫面圣，“百日维新”拉开帷幕。7 月 3 日，梁启超也受到光绪召见。

可惜，满口的广东方言害苦了他。“孝”被读成“好”，“高”被念成“古”，皇帝听不懂梁启超的话，大为扫兴，只赏了他一个六品官——印书局编译。

梁启超痛定思痛，决心学习官话。由于妻子李蕙仙自幼在京城长大，官话十分流利，于是请她教习，很快便突飞猛进。

戊戌变法开始后，康有为接连上疏，光绪颁布了诸多条令，如设立学堂、奖掖发明等。然而，变法的制定者在政治上既不成熟也缺乏手腕，徒有激情而未顾及现实。改革官制，废除八股，取消旗人特权等，每一项改革都冲击着官僚集团的既得利益。维新派的行动过于操切，言辞过于激烈，康有为面对权臣荣禄竟说出“杀几个一二品的大员，法即变矣”的狂言，全然不顾在颐和园过着“半退休”生活的慈禧的面子。

守旧派疯狂反扑，想搬出老太后夺光绪的权。康有为情急之下想出“围园杀后”的馊主意。

他看重的人选是一向以开明著称、掌管着武右卫军的袁世凯。可惜，谭嗣同夜访袁世凯并未得到一个明确的答复。袁世凯察觉到风向不对，担心引火烧身，跑到天津将康梁等人的计划向自己的顶头上司直隶总督荣禄和盘托出。

后世据此认为袁世凯的告密掀起了血雨腥风的戊戌政变，然而实情却是头一天保守派御史杨崇伊已去颐和园搬弄是非，将光绪接见日本前首相伊藤博文并打算邀请他担任改革顾问的事和盘托出，彻底激怒了慈禧，当即摆驾回宫，打算重新训政。

也就是说，即使没有袁世凯的告密，政变的发生也是板上钉钉的事，告密只是将事态扩大了。慈禧接到荣禄的汇报，震怒之余下令逮捕维新志士，戊戌六君子喋血菜市口，变法以失败告终。

当时，滞留北京的伊藤博文对日本驻华公使林权助说：“救救梁启超吧！让他逃到日本去吧！到了日本，我帮他。梁这个青年对于中国是珍贵的灵魂啊！”

在林权助的掩护下，梁启超剪掉辫子，换上西服，先逃到天津的日本领事馆，交接给领事郑永昌。再化妆成猎户的模样，准备离津。6 月 25 日，梁启超与郑永昌在天津车站的月台上行走时，被熟人发现并报告给了官府。捕快当即追了上来，两人跳进帆船，躲至深夜方才壮着胆子开船，朝塘沽方向驶去。

捕快发现动静，又乘蒸汽船追来。眼看两船的距离越来越小，梁启超绝望了，准备束手就擒。正在这时，停泊在白河上游的日舰大岛丸向帆船驶来。

原来，林权助事先打过招呼，让大岛丸在此接应。梁启超终于摆脱了清廷的追捕，登上开往日本的大岛丸。

望着苍茫的太平洋，梁启超心事沉重，思绪万端，写下“忍慈割泪出国门，掉头不顾吾其东”的诗句。

抵日后不久，康有为也在英国人的帮助下从香港辗转来到日本。师徒相见，热泪盈眶，恍如隔世。

梁启超获悉，他的老家已被清廷查抄，幸好梁宝瑛和李蕙仙已携家人逃到了澳门。梁启超立刻给妻子写信，并将近照附在信中。在照片的背面他写道：“衣冠虽异，肝胆不移。见照如见人。”

流亡的生活并不平静。

除了办《清议报》和《新民丛报》外，梁启超还积极活动，在日本内阁大臣犬养毅家结识了孙中山。

在以“得君行道”的康有为看来，孙中山倡导暴力革命，大逆不道。而自己深受皇恩，给人的观感是时刻准备杀回北京，推翻慈禧还政光绪，断无与孙中山合作的可能。

梁启超却没有丝毫成见。他乐于接受新鲜事物，从善如流，赞成革命，很快便与孙中山打得火热。当时，孙的名望还无法同梁启超相比，很多东南亚的华侨和日本重臣都是由梁启超介绍给他的。

1899 年夏，康有为被日本政府驱逐，去往新加坡。少了老师的掣肘，梁启超同孙中山的往来更加频繁。其实，他并非对孙中山笃信不疑，反倒认为“孙大炮”常说大话，“徒使人见轻耳”。

不久，梁启超联合康有为的十三位弟子给老师写信说：“国事败坏至此，非庶政公开，改造共和政体，不能挽救危局。今上（光绪）贤明，举国共悉，将来革命成功之日，倘民心爱戴，亦可举为总统。吾师春秋已高，大可息影林泉，自娱晚景，启超等自当继往开来，以报师恩。”

康有为接信后怒不可遏，立即命梁启超离开日本，到檀香山办理保皇会。梁启超表面上听从老师的话，内心却不以为然。除了政见不同，经济的原因也很重要。梁启超流亡海外，主要靠办刊、卖文维持生计，生活清苦。而康有为声称有光绪的“衣带诏”，以保皇为名一路大肆敛财，掌握了百万巨款，却并未很好地接济梁启超。

到檀香山组织保皇会后，梁启超对当地华侨说，他组织保皇会，名为保皇，实则革命。顿时得罪了改良、革命双方，很多人指责他“挂羊头，卖狗肉”。然而没过多久，梁启超的态度就来了个 180 度大转弯，彻底摒弃了用暴力革命建立共和的主张，转而支持开明专制的国体。

思想的转变源于他 1903 年应美国保皇会之邀游历了一番美国。在这片曾被他称作“世界共和政体之祖国”的土地上，他失望了。

鳞次栉比的高楼和兴旺发达的工业背后是世纪之交的怪物——托拉斯（垄断）。他见到了马克·吐温笔下暗箱操作的黑金政治，更见到了华侨社会帮派林立、互相残杀的种种乱象，最后得出一个结论——共和不适用于中国。

信仰崩溃的梁启超写道：

呜呼痛哉！吾十年来所醉、所梦、所歌舞之共和，竟绝我耶？吾与君别，吾涕滂沱。

回国后，他冷静地想了想，认识到以中国之大，国情之复杂，民众素质之低下，搞起革命来一定会多年大乱。而最终收拾动乱的人，一定是有极大能量和权术的独裁者，到头来还是专制。梁启超给革命开出的公式是：革命——动乱——专制。给立宪开出的公式是：开明专制——君主立宪——民主立宪。

从此，他走上了坚定的改良主义的道路，利用各种渠道不遗余力地呼吁立宪。

革命党对梁启超的转变极为不满，他们在东京创办了《民报》，第三期就下了战书。一场立宪派同革命派在中国近代思想史上影响深远的论战拉开了帷幕。

革命派说：要自由，就得流血牺牲。

梁启超说：暴力革命得不到共和，只能得到另一个专制。

革命派说：日本、英国搞君主立宪，也要流血。

梁启超说：法国大革命，动乱 80 年，血流成河。其他欧洲 15 国，君主立宪，都和平完成转型。共和当然最好，但基于中国的现实，只能从立宪做起。

革命派说：既然立宪是过渡，共和是最终目标，为什么把时间浪费在过渡上？

梁启超说：因为渐进改革损失小。

两派你来我往，革命派占据着《民报》，章太炎、胡汉民、汪精卫轮番上阵。立宪派只有梁启超孤身一人，阵地则是他创办的《新民丛报》。

通过和革命派的论战，梁启超确立了舆论界骄子的地位，并取代康有为，成为立宪派新的精神领袖。

同时，在论战过程中，梁启超发明了一种介乎古文与白话文之间的新文体，后世称之为“新民体”。由于百姓和士子都乐于接受，新民体传播很广。用这种读者喜闻乐道的文体，梁启超写下了感人至深的《少年中国说》。“少年强则国强，少年独立则国独立”的铿锵之语激荡着那个时代无数年轻人炽热的心灵。

晚清最为著名的诗人黄遵宪非常推崇新民体，称其“惊心动魄，一字千金，人人笔下所无，却为人人意中所有，虽铁石人亦应感动”。再加上梁启超善用“拿来主义”，直接将日文的汉字词语引入中国，比如“政治”“经济”“哲学”“民主”等，极大地丰富了汉语词汇。其中，有一个词是梁启超的独创，那便是“中华民族”。

然而，文采是把双刃剑。梁启超写惯了报纸上的论战文章，行文过于追求打动读者。他的如椽大笔固然可以惊醒沉睡已久的国人，却没有精力写出真正大师级的著作，以至于陈独秀在评价他的作品时称其为“浮光掠影”。

1905 年，日俄战争爆发，清政府眼睁睁地看着两个列强在自己的土地上开打，却只能宣称“保持中立”，伤透了无数国人的心。次年，湖南爆发了萍浏醴起义。

同过去单打独斗的暗杀不同，参加这次起义的革命党既有留日归国的学生，也有清军中的年轻军官。越来越多的青年开始对清政府失去信心。

迫于压力，慈禧加快了立宪的速度。这年，五大臣出洋考察宪政，然而迂腐的满清权贵哪里懂得西方的宪政？他们只好通过熊希龄向日本的梁启超约稿。梁启超写就《东西各国宪政之比较》作为五大臣报告的底本。9 月 1 日，慈禧发布上谕，确定“实行立宪”的基本国策。

梁启超得知后非常兴奋，放弃了与革命派的论战，于 1907 年在东京成立了“政闻社”，提出“实行国会，司法独立，地方自治，慎重外交”四条主张，指导立宪派配合清政府实施立宪。

然而，就在成立大会召开的当天，以陶成章为首的几百号革命党人携带手杖跑来砸场。梁启超刚讲了几句，革命党人张继就用日语大骂:“马鹿（笨蛋）”，接着道:“打！”革命党人举起手杖就开打，梁启超慌乱中转身从后台楼梯逃走，其他佩戴红袖章的政闻社成员都受了皮肉之苦。

这件事让梁启超更加清楚地意识到，中国离真正的民主自由还有很长的一段路要走。他并没有动摇立宪的决心，而是将政闻社成员派回国内，奔走联络体制内的官员。

1908 年，光绪和慈禧先后辞世，摄政王载沣掌权。清政府开始了同革命党的赛跑，君主立宪一再提速。在梁启超的策划下，立宪派领导民众开展了四次大规模的请愿活动，敦促政府尽快召开国会，组织责任内阁。

可惜，懦弱的载沣没能抓住机会。出于对以袁世凯为首的汉族大臣夺权的恐惧，1911 年 5 月组成的新内阁仍以皇室成员为主，违背了皇族不能充任国务大臣的立宪原则。终于，天不假年，武昌城里的一声枪响终结了大清。

革命党赢了，清帝逊位。辛亥革命后，梁启超回到中国，在天津住下。他摒除私怨和成见，向民国第一任大总统袁世凯献上了制宪和财政方面的建国方略。

民国伊始，百废待兴，梁启超希望袁世凯在开明专制的基础上稳步实现立宪与共和。袁世凯邀请他入阁，梁启超欣然从命，在熊希龄任总理的内阁中当司法总长。当时熊内阁号称“第一内阁”，孙宝琦是外交总长，朱启钤是内务总长，段祺瑞是陆军总长，张謇是农商总长。

然而，袁世凯再一次让梁启超失望了。他解散了熊希龄的内阁，无视以梁启超为首的进步党关于“先定宪法，后选总统”的主张，强行提前正式大总统的选举。无奈之下，梁启超递交了辞呈，于 1914 年年底挂印而去。

1915 年，袁世凯加紧了复辟帝制的准备。1 月，袁的长子袁克定让杨度作陪，宴请梁启超，探询他对帝制的态度。梁启超当场表示绝不苟同。8 月，袁世凯的美籍顾问古德诺发表《共和与君主论》，鼓吹中国适合君主制。同时，杨度和严复等人发起成立筹安会，为袁世凯称帝大造舆论。

对袁世凯的帝制自为，梁启超犀利地指出：“自国体问题发生以来，所谓讨论者，皆袁氏自讨自论；所谓赞成者，皆袁氏自赞自成；所谓请愿者，皆袁氏自请自愿；所谓表决者，皆袁氏自表自决。”

然而，舆论界在袁世凯的严密控制下早已噤若寒蝉，死气沉沉。梁启超忍无可忍，一跃而起，连夜草就了一篇荡气回肠的长文《异哉所谓国体问题者》，酣畅淋漓地斥责了袁世凯的称帝野心，表明了自己对帝制决不妥协的立场。文中，梁启超大义凛然道：“吾实不忍坐视此辈鬼蜮出没，除非天夺我笔，使不复能属文耳。”“即令全国四万万人中有三万九千九百九十九万九千九百九十九人赞成，而我梁启超一人断不能赞成也。”

恰逢杨度派人给梁启超送来他刚写好的《君宪救国论》，梁启超便给他回了一封绝交信，并附上《异哉》一文。

袁世凯得知后大为恐慌。他清楚，梁启超的文章不啻重磅炸弹，一旦发表，必定一石激起千层浪，于是命人带20万元银票火速赶往天津，给梁启超的父亲祝寿，劝梁不要发表文章。

梁启超当场与来人翻脸，退回银票。袁世凯再派人对梁启超说：“梁先生曾经在海外流亡十几年，其中的苦头不是不知道，何必再自讨苦吃？”梁启超回答说：“本人的逃亡经验已经很足了。宁可亡命，也不愿苟活在这污浊的空气之中。”

1915年9月3日，《异哉所谓国体问题者》在《京报》发表，迅速引起轰动，当日报纸售罄无余。茶馆、旅社的客人因无报可买，只好辗转抄阅，许多人跑到报馆请求再版。

然而，振聋发聩的文章并没有放缓袁世凯称帝的脚步。1915年12月13日，袁世凯在中南海居仁堂的大厅举行了“登基”仪式。

对此，梁启超早有准备。几个月前，出于猜忌，袁世凯将梁的学生、时任云南都督的蔡锷召到北京，监控起来。8月15日，蔡锷应梁之邀，秘密来到天津。二人商量一宿，觉得如果不承担起讨袁的责任，“中华民国”恐怕从此就完蛋了（当时，国民党人均已逃亡海外，国内数得上号的军人和文人都被袁世凯收买了）。

梁启超制定了周密的计划，分一明一暗两条线进行。梁在明处牵制袁世凯，蔡则暗中潜回云南，起兵伐袁。

蔡锷返回北京，装出一副胸无大志的样子，日夜逛窑子，与小凤仙饮酒作乐。梁启超发表《异哉》一文后，蔡锷逢人便说：“我们先生是个书呆子，不识时务。”在军官赞成帝制的文件上，他也毫不犹豫地签名。终于，袁世凯放松了警惕，蔡锷趁机从天津登上了日本的运煤船，辗转回到云南。

1915 年的圣诞节，云南宣布独立。以蔡锷为总司令的护国军第一军进兵四川，李烈钧的第二军进兵广西，云南都督唐继尧兼任第三军总司令，驻守昆明。独立前后，由云南发出的电文如《致北京警告电》《云南檄告全国文》等，都是梁启超事先拟好的。

护国战争打响后，梁启超坐镇上海，遥控蔡锷在西南一带的军事行动。然而，战况并不乐观。袁世凯派曹锟领军进剿云南，蔡锷要以不满五千的士兵对抗曹锟几十万器械精良的大军。梁启超心急如焚，之前写给各省将军、劝说他们共同举兵的信也毫无回音。直到 1916 年 2 月，广西都督陆荣廷才派人带来了他的亲笔回信，说他欢迎梁启超到广西去，只要见到梁本人，立刻宣布独立。为了国家的前途，梁启超毫不犹豫地动身赴桂。

3 月 15 日，陆荣廷任命梁启超为总参谋，宣告广西独立。自此，云贵川桂四省联成一气，护国军受到极大鼓舞，重新对袁军发起反攻。人称“北洋之豹”的冯国璋则趁机联合湖南将军汤香茗等上书袁世凯，要求取消帝制，恢复共和。内外交困之下，袁世凯被迫于 3 月 22 日下令撤销帝制——只做了 83 天皇帝，便被赶下龙椅，溘然长逝。

段祺瑞内阁成立后，适逢第一次世界大战，中国被卷入其中。是否对德宣战，府、院争论不决，梁启超写成《欧战蠡测》一书，力主加入协约国作战。段祺瑞深表赞同。后来的历史证明，这一选择是对的。

1917 年，张勋复辟，军师是康有为。针对老师支持复辟的反动言论，梁启超发表了《辟复辟论》，反对复辟帝制，支持共和。而后，梁启超又随段祺瑞誓师马厂，武力讨伐张勋。他不仅代段祺瑞起草了讨逆宣言，而且以个人名义发表反对通电，斥责其师为“大言不惭之书生，于政局甘苦，毫无所知”。

至此，康梁公开决裂，康有为当着梁启超学生的面痛骂“梁贼启超”，并在诗中怒斥其为专食父母的怪兽。即便如此，十年后康有为去世时梁启超见他“身后萧条得万分可怜”，赶紧电汇了几百元钱，方才草草成殓。之后，梁启超又戴孝守灵，大哭三日。

赶走了张勋，段祺瑞任命梁启超为财政总长。段政府的财政异常困窘，国家太穷了，梁启超的主要任务就是筹款。当时，以中国的自然资源为抵押从外国借贷的“西原借款”，经梁启超签字的便有两千多万。这引来了极大的非议。梁启超只干了几个月就发现自己干不下去了，于是坚决辞职。

他天生就不是从政的料。政治思想有，但政治手段和行政能力就难尽人意了。

1918 年 11 月 14 日，北洋政府宣布全国放假 3 天，北京突然之间旌旗招展，光彩照耀。东交民巷至天安门一带，游人更是摩肩接踵。这一天，人们在庆祝第一次世界大战的结束，中国自鸦片战争以来首次成为战胜国。

虽然胜利的象征意义大于实际意义。

12 月初，梁启超筹措了十万元的经费，挑选了一批各有所长的专家，组成一支民间代表团赴欧洲参加巴黎和会。

巴黎和会的目的是确立一战后新的世界秩序，梁启超希望能利用这次机会改善中国的国际地位，特别是收回德国在山东的权益。12 月 28 日，梁启超率丁文江、蒋百里等人乘坐日轮横滨号前往欧洲。一路上，大家打牌、聊天，非常热闹。每天早上 8 点，每个人都抱着一本书，在甲板上冲着大海高声朗读，四十五岁的梁启超也学起了英语。

在巴黎，梁启超以中国民间代表的身份会见了美国总统威尔逊，请他帮忙在和会上支持中国收回山东权益，威尔逊答应下来。

1919 年 1 月，被中国人寄予了厚望的巴黎和会正式开幕。会上，同为战胜国的日本要求继承德国在山东的权益，遭到中方代表顾维钧的严词反对。

顾维钧慷慨陈词，说山东是孔孟之乡，中国的文化圣地，自中国参战以来，与德国订立的所有不平等条约均已废除，不存在日本继承权益的问题。威尔逊也从旁相助，为中国据理力争。

场外，梁启超作为民间代表展开了频繁的游说活动，发挥了列席和会的外交官所起不到的作用。他写下《世界和平与中国》一文，并翻译成多国文字，广为散发，宣传中国的诉求，驳斥日本占据山东的借口："胶州湾德国夺自中国，当然须直接交还中国，日本不能以有所牺牲为由有所要求。试问英美助法夺回土地，曾要求报偿耶？"在随后的记者招待会上，梁启超大声疾呼："若有一国要承袭德人在山东侵略主义的遗产，就是第二次世界大战之媒，就是和平公敌。"

此时，日本代表平静地公开了一份令人震惊的秘密协定。这份签署于前一年的协议规定，日本给段祺瑞政府两千万日元的贷款，换取在山东修路、驻军的权利——山东的命运早已注定。

由于日本早在和会召开前就与协约国各方达成了秘密共识，因此，和会上，威尔逊成了孤家寡人。同时，日方屡次扬言如不满足其要求，就退出和会。威尔逊担心建立国际联盟的计划破产，只好妥协。直到此时，梁启超才打听到和会条约的内容，并且得知，部分中国代表已准备签字。他赶紧致电国内好友林长民（林徽因之父），告知他巴黎的详情，称："请警告政府及国民，严责各方，万勿署名，以示决心。"

林长民 4 月 30 日接到梁启超的电报，5 月 1 日便写成《外交警报敬告国民》一文，刊登在《晨报》上。他在文中惊呼："胶州亡矣！山东亡矣！国不国矣！国亡无日，愿合四万万民众誓死图之！"

林长民的文稿披露的第二天，北京大学的墙报上就贴出了十三院校学生代表召集紧急会议的通告。5 月 4 日下午一点，北大等十四个学校的五千多名学生走上街头，震惊中外的"五四运动"爆发。

回国后的梁启超写成《欧游心影录》一书。一战后的欧洲，百业凋零，科技的进步在给人们带来福祉的同时也毁灭了人类一手缔造起来的文明。欧洲的经历让梁启超开始反思科学与人文的关系，并在新文化运动如火如荼、将“民主”与“科学”喊得沸反盈天之时敏锐而超前地指出，科学并不是万能的，传统儒家所提倡的“正心诚意”和塑造修齐治平之人的思想在现代依然有用。然而，愤激的国人没有耐心去听梁启超的解释，在他们看来，梁已经过时了。失望之余，梁启超重回书斋，于 1925 年受聘为清华大学国学院导师。

彼时的清华声名远播，其国学院先后将四位大家揽入怀中：梁启超、陈寅恪、王国维和赵元任。被称为“教授中的教授”的陈寅恪是个怪才，他在海外留学 20 载，潜心读书，淡薄学位，连大学文凭也没拿过。

梁启超在向清华校长曹云祥推荐陈寅恪时，曹问他：“陈先生是哪一国的博士？”

梁答：“既不是博士，也不是硕士。”

曹又问：“有没有著作？”

梁又答：“没有著作。”

曹校长为难了：“既不是博士，又没有著作，那怎么行呢？”

梁启超大怒，说：“我也算著作等身了，却没有陈先生寥寥数百字有价值。”言毕，扬长而去。最终，曹云祥遵从了梁启超的意见，这才有了让后人仰之弥高的国学大师陈寅恪。

梁启超对清华学子影响深远。梁实秋早年在清华就读，直到晚年仍能记得梁启超演讲的经历。

“那是一个风和日丽的下午，高等科教楼上的大教堂里坐满了听众。随后走进一位短小精悍，秃头顶、宽下巴的人物。他穿着肥大的长袍，步履稳健，风神潇洒，左顾右盼，光芒四射。这就是梁任公先生。”

梁启超上课前，总会先把眼镜往上翻一翻，然后才开腔道：“启超没有什么学问。”然后又轻轻点一下头：“可是也有一点喽！”

“他讲得认真吃力，渴了便喝一口开水，掏出大块毛巾揩脸上的汗，不时地呼唤他坐在前排的儿子：思成，黑板擦擦！梁思成便跳上台去把黑板擦干净。”

“先生的讲演，到紧张处，便成为表演。有时掩面，有时顿足，有时狂笑，有时叹息。讲到他最喜爱的《桃花扇》，讲到‘高皇帝，在九天’那一段，他悲从中来，竟痛哭流涕而不能自已。讲到‘剑外忽传收蓟北，初闻涕泪满衣裳’，先生又真是于涕泪交流之余张口大笑了。”

梁实秋最后感叹道：“像先生这样，有学问，有文采，又热心肠的学者，求之当世能有几人？”

1922 年，梁启超赴东南大学主讲先秦政治思想，与传授“实用主义”的胡适狭路相逢。学生黄伯易回忆道：“胡‘像花牌楼商人’，目空一切；梁‘广额深目，态度诚恳’，第一次和学生见面就表态说‘我梁启超一定要学习孔子学不厌、教不倦的精神，与同学们一起攻错。’”

胡适少时深受梁启超“新民说”的影响，算是梁的弟子辈，留学归来一跃而成新一代学术界的领军人，风头正健。梁欣赏其才华，却不认同其哲学理论，曾在北大公开演讲发难。1923 年，两人同时应邀为青年开具一份《最低限度国学书目》，胡将《三侠五义》《九命奇冤》列入其中，却没有《史记》《汉书》和《资治通鉴》。梁启超大为不满，当即撰文批驳说自己恰恰没读过这两本书，“但说我连国学最低限度都没有，我却不服。”

梁启超在学问上争胜的念头，好友周善培看得一清二楚。他说，梁启超常以不知一事为耻，如果胡适偶然研究哪怕“极无价值”的东西，他也要跟着研究一番。周善培劝他：“以你的年辈、资格，应当站在提倡和创造的位置上，要人跟你跑才对，你却总是跟人跑。不自足是美德，但像这种求足的方式，何时才是头呢？”梁启超一再点头，却终究拴不住自己的好胜心。

在学校，梁启超经常帮助贫困学生谋一些编校目录的兼职工作，以补贴生活费。而在教学上，他非常开明，欢迎学生挑战，故每回开课都听众如云，把教室坐得满满当当。

不过有一次，因为当天有校际篮球比赛，来的人太少，拂了梁启超的面子。他当即怒斥学生们无心向学“不过是要看看梁启超罢了，和动物园的老虎、大象一样！”

教学之余，梁启超喜欢打麻将。据他的弟子杨鸿烈回忆：“我有一次到北海快雪堂，看见先生方进早膳，兴致很高，谈了相当长久的时间。先生订例，访客谈话以五分钟为限，这是为了应付某些‘烂屁股’久坐聊天，妨碍工作。那天有好些高级知识分子来访，原是熟人，见面无所不谈，随后他们要求先生举行一次公开演讲，谁知他婉辞道‘对不起，你们所订的演讲时间，恰和我的四人功课时间相冲突。’于是他们回头询问我‘是不是你天天都要到此请梁先生讲书？’先生听见，莞尔而笑，道‘非也！是我和几个朋友搓搓小麻将，作方城之戏！’”

梁启超有句名言非常流行：“只有读书可以忘记打牌，只有打牌可以忘记读书。”他认为，打牌有助于启发智商，“手一抚之，思潮汩汩来”。还在担任《时务报》主笔时，梁启超便经常在半夜一边吆喝“八万”“九条”，一边口述社论，由专人记录下来，一字不改，即可付梓。约稿、演讲则统统不作准备，临场前，一阵“东风、白板”，便告功成。不过，或许是用心不专，梁启超几乎逢打必输，但他依旧兴致高昂，乐此不疲。

对于晚辈，梁启超爱护有加，却常因直率而得罪人。1926 年 10 月 3 日，在北海漪澜堂举行了一场兼具娱乐性和轰动效应的婚礼，牵动了文化界几乎所有的大腕。

新郎是梁启超的得意门生徐志摩，新娘是民国四大才女之一的陆小曼，证婚人是梁启超，主持人是胡适。婚礼上，梁启超致辞时当着众人的面“教训”徐志摩说：“你这个人性情浮躁，所以在学问上没有成就；你这个人用情不专，以至于离婚再娶。你们两个都是过来人，离过婚又重新结婚，都是用情不专。以后痛自悔悟，重新做人！愿你们这次是最后一次结婚！”

全场为之愕然——这也太不留情面了！

晚年的梁启超每天五点起床，工作十个小时，星期天也不休息。他有句口头禅——万恶懒为首，百行勤为先。孜孜不倦的努力换来的是《饮冰室合集》共计 1400 万字的文章，平均每年要写 39 万字。

梁启超一动笔则文思泉涌，万言长文“片刻即脱”。1914 年他小住清华期间，罄 10 日之功，写完长达百页的《欧洲战役史论》。护国运动期间，遭袁世凯通缉追捕躲入荒山，大病初愈即奋战三天三夜，写出《国民浅训》一书。

人到暮年，梁启超精力不减，只消一个周末，便可成书一本。与他一同欧游的蒋百里回国写了本《欧洲文艺复兴时代史》，请他作序。讵料梁启超一下笔便收不住，竟写了 6 万字，与原书一样长。最后这篇“长序”只得单独出版，成为梁启超的代表作《清代学术概论》。书成，梁启超又反过来请蒋百里写序……

梁启超下笔神速，博闻强识，故能出经入史，信手拈来。比如，他能全篇背诵贾谊七千余字的《治安策》，曾笑言：“不能背《治安策》，怎能上‘万言书’？”一次宴会上，胡适提到中国古诗中没有写猪的诗句，他马上以乾隆一句非常生僻的诗“夕阳芳草见游猪”反驳。

不过，若是将梁启超同王国维和陈寅恪相比，便“纵横捭阖”有余，而“钩深诣微”见拙了，稍有不慎还会犯下常识性错误。黄侃就曾笑话梁启超的一次演讲中“有无数笑柄”，居然将老子、庄子、屈原、诸葛亮和道安列为“湖北五贤”。

周善培也多次劝梁启超治学为文不可一味求速。他说：“你的文章能‘动人’，却不能像《史记》那样‘留人’。你这几十年中，作了若干文章，莫说百读不厌，使人读两回三回的能有几篇？”梁启超深以为然。1924 年，夫人李蕙仙去世时梁启超写下了深情的《祭梁夫人文》，一反常态地做了一整天，又“慢慢吟哦改削”，改了两天才完成。

“我信仰的是趣味主义”这是梁启超的名言。他常说，做学问当从趣味入手，才易出成果。但另一方面，自己为学“浅芜”，原因正在于“学问欲”很旺又“病在无恒”，以致“不能专积有成”。一次，梁启超在檀香山刚学习了几个月的英文，便自觉已得真谛，编了本《英文汉读法》，教人数月之内学会翻译英语。结果，经《国民报》编辑王宠惠“测试”，梁启超的英语水平当场“现形”。他羞愧之下将书一撕两半，扔到了窗外。

梁漱溟曾撰文说梁启超“热情多欲”“感应敏锐”“然而缺乏定力，不够沉着，一生遂多失败”。梁启超坦言，自己所做的事，严格说来没有一件不是失败的，但“连失败也觉得津津有味”。他告诉子女:“我虽不愿你们学我那泛滥无归的短处，但最少也想你们参采我那烂漫向荣的长处。”生活中，梁启超的确是个“烂漫向荣”的人。听京戏，也听古典音乐，收藏字画、楹联、书法。一生藏书 4 万多册，碑刻拓本 1200 多件，去世后悉数捐给了北京图书馆。

1926 年的一个周末，北师大的学生李任夫和楚中元去拜访梁启超，受到热情接待。梁启超为李任夫写下一副对联:“万事祸为福所依，百年力与命相持。”他说：“这是我青年时代一首诗的录句，今天特别写给你，希望你立志向上。凡事要从远处看，切不可以一时的起伏而灰心丧志，一定要有‘定力’和‘毅力’。人的一生，都是从奋斗中过来的，这就是力与命的斗争。我们要相信力是可以战胜命的，一部历史，就是人类力命相斗之史，所以才有今天的文明。我平生行事，也信奉这两句话。我是个乐观主义者，也许就是得力于此。”

楚中元又问：“梁先生过去保皇，后来又拥护共和；前头拥袁，后来又反对他。一般人都以为先生前后矛盾，同学们也有怀疑，不知先生对此有何解释？”

梁启超沉思片刻，道：“这些话不仅别人批评我，我也批评我自己。我自己常说，‘不惜以今日之我反对昔日之我’，政治上如此，学问上也是如此。但我是有中心思想和一贯主张的，绝不是望风转舵，随风而靡的投机者。例如我是康南海先生的信徒，在很长的时间里，还是他得力的助手，这是大家知道的。后来我又反对他，和他分手，这也是大家知道的。再如我和孙中山，中间曾有过一段合作，但以后又分道扬镳，互相论战，这也是尽人皆知的。至于袁世凯，一个时期，我确是寄以期望的，后来坚决反对他，要打倒他，这更是昭昭在人耳目了。我为什么和南海先生分开？为什么与孙中山合作又对立？为什么拥袁又反袁？这绝不是什么意气之争、权力之争，而是由我的中心思想和一贯主张所决定的。我的中心思想是什么呢？就是爱国。我的一贯主张是什么呢？就是救国。我一生的政治活动，其出发点与归宿点，都是要贯彻我爱国救国的思想与主张，没有什么个人打算。”

由于常年操劳和熬夜写作，梁启超的身体越来越差。1926 年 3 月，血尿不止的他住进了协和医院，被查出患有尿毒症。即使身体每况愈下，梁启超仍旧笔耕不辍。在家书中，他活灵活现地描摹“老白鼻”（幼子梁思礼乳名，即“Baby”的意思），模仿家中女仆，把“乡音无改鬓毛衰”念成“乡音无改把猫摔”——看惯了半个世纪的血雨腥风，梁启超的心底还是一派天真。

协和在当时是中国最好的西医医院，梁启超一住院，就写信给他的孩子们:“我要你们知道我快活顽皮的样子。昨晚医生检查身体，说 50 岁以上的人如此结实，在中国几乎找不到第二个。”

不幸的是，协和医院进行了一次失败的手术。功能正常的右肾被切除，病变的左肾仍然留在体内。此事梁启超当时即已知晓，好友伍连德探听得知，手术是协和的院长刘瑞恒主刀的。

此后，梁启超多次入院治疗，但已回天乏术，终于在 1929 年 1 月 19 日病逝，安葬于西山卧佛寺，与妻子李蕙仙合葬。

临终前，梁启超见报纸上对协和医院谩骂不休，考虑到西医刚刚进入中国，正在起步阶段，他强撑病体，在《晨报》上发表了《我的病与协和医院》一文，公开为协和辩护，申明道:“我盼望社会上，别要借我这回病为口实，生出一种反动的怪论，为中国医学前途进步之障碍。”

生命的最后一刻，梁启超关心的还是国家的前途和民族的命运，正如丁文江挽联中所写的那样：“在地为河岳，在天为日星。”另一副挽联则直到今天仍令人回味：“三十年来新事业，新知识，新思想，是谁唤起？百千载后论学术，论文章，论人品，自有公评。”

卡夫卡的眼泪

>>

饥饿艺术家的周围不是铁栏杆，而是厚厚的墙。他在这墙壁之中守候着无奈而孤独的艺术。饥饿艺术家的悲剧在于他一直不为世人所理解，甚至根本就没有人能够理解他，他只能孤芳自赏。

卡夫卡去世前一个月重读了自己的《饥饿艺术家》，泪流满面。

饥饿艺术家历经四十天的饥饿极限在大舞台上为观众表演纯粹的饥饿艺术，观者如云，掌声阵阵。他并没有因此而陶醉其中，因为他清醒地意识到，他的观众和粉丝并不是真正在欣赏他的艺术，而是在欣赏他的表演。

在观众看来，一个人不吃不喝能忍饥挨饿四十天简直就是天方夜谭，所谓的饥饿表演无异于马戏团的杂耍，这让艺术家痛苦不堪。

几年后，人们开始厌弃这种饥饿表演了。为了重振饥饿艺术，可怜的艺术家不得不受聘于马戏团，开始了与兽类为伍的演艺生涯。演出当天，蜂拥而至的观众“从他身边扬长而过，不屑一顾”，直奔野兽表演区，没有人愿意在他面前驻足停留，就连管事也懒得为他换牌记数了。

整个演出期间，谁也不记得这位可怜的艺术家，谁也不知道他到底饿了多少天。直到表演告终的日子，管事在拨弄笼子里的腐草堆时才发现已经奄奄一息的艺术家。令人不解的是，饥饿艺术家的临终遗言充满了矛盾。

“我一直希望你们能赞赏我的饥饿表演，”饥饿艺术家说。“我们也是赞赏的，”管事敷衍地回答道。

“但你们不应该赞赏，因为我只能挨饿，我没有别的办法”

“为什么没有别的办法呢？”

“因为我找不到适合自己口味的食物。假如我找到这样的食物，请相信，我不会这样惊动视听，并像你和大家一样，吃得饱饱的。”

这是他最后的几句话，但在他那瞳孔已经扩散的眼睛里，流露着虽然不再骄傲却仍坚定的信念：他要继续饿下去。

饥饿艺术家死了，为信念而死，为坚守他的纯粹艺术而死，确切地说是因为“找不到适合自己口味的食物”而死。取而代之的是生机勃勃的黑豹，它狼吞虎咽地吃着饲养员的食物，引来了阵阵围观。

故事以饥饿艺术家被草草埋葬而告终。

卡夫卡想告诉读者什么呢？“我虽然可以活下去，但我无法生存。”如果卡夫卡的这句话能够成为我们理解其作品的钥匙的话，那我们有理由说，饥饿艺术家的生存困境就是现代人的生存困境，而这源自于人与社会的矛盾，高雅与庸俗的矛盾，精神与物质的矛盾。

不必把饥饿艺术家的不食人间烟火理解为嫌弃这个世界太肮脏，他还不是那种“举世皆浊我独清，众人皆醉我独醒”的孤傲者。饥饿艺术家或许厌恶过这个世界，不过他并不觉得这个世界很糟，他也愿意像正常人一样生活，只是这个世界并不适合他。

所以，他只好与世界格格不入，成为行走在人生边缘的人。他这种与尘世的脱钩甚至可以被当作艺术，乃至于他自己也认为这是艺术。可最后他终于明白，或者说理智上一直都明白，这并非纯粹意义上的艺术。他不是为了艺术而艺术，只是一种无奈，只是一种与世无法融合的孤独。他知道自己的目的并不崇高，不过是做他自己能做、必须做、不得不做的事，可是客观上这看起来却显得很崇高，这一点他自己也并不否认。

旁观者也佩服他，然而这种佩服转眼便会消逝，因为他们并不真正理解他。他们欣赏着他的艺术，也可以说是欣赏着他的痛苦。他的所谓的执着与坚持，到头来不过是一场无奈。

饥饿艺术家的周围不是铁栏杆，而是厚厚的墙。他在这墙壁之中守候着无奈而孤独的艺术。饥饿艺术家的悲剧在于他一直不为世人所理解，甚至根本就没有人能够理解他，他只能孤芳自赏——“只有他自己才是对他能够如此忍饥耐饿感到百分之百满意的观众”。

但当人们“对他表示怜悯，并想向他说明他的悲哀可能是由饥饿造成的”时候，他终于像火山一样爆发了。对艺术家来说，最大的侮辱就是亵渎他的艺术。就好比如果有人对卡夫卡表示同情，说他的忧郁都是由写作造成的，这个沉默内向的奥地利青年一定会像野兽一样暴怒。

最后，饥饿艺术家对一切都绝望了，他把自己的饥饿艺术归咎为自己的厌食症，亲手杀死了自己用生命换来的艺术，这是多么彻底的绝望！

卡夫卡的泪就这样滑落下来。他一定想到了自己的不幸与孤独，想到了许多我们不知道的悲哀。在卡夫卡的脑海里有一种强烈的意识：渴望被认可、渴望被尊重、渴望人与人之间真正意义上的交流。但无论饥饿艺术家怎样诚恳或保持沉默，他的本意总是因为遭到误解而变得面目全非。

误解几乎成为人们普遍的习惯被散布到四面八方。没有哪一个人会把另一个人当作自己生活的目标。因此，彼此尊重，彼此理解就像真空里的一句笑话。

卡夫卡是一个天才的艺术家，可是他的艺术很无奈，因为他知道，没有人懂他，没有人可以为他撞破那道厚厚的墙。他要求朋友把他的文章付之一炬——既然不会有人理解，那么也就没有保存下来的必要，这个艺术只属于他自己。

饥饿艺术家守着他的艺术逝去了，卡夫卡知道，那也是他的结局。他在自己的文章中写出了自己的未来，那并非谶语，而是必然的结果。他为饥饿艺术家悲戚，也为自己悲伤。其实，艺术家是个虚浮的名词。一个人有才华，就一定要展现出来吗？才华似乎只是艺术家的附属品，只是他出名的桥梁、炫耀自己的装饰。作家也是如此，卡夫卡的写作完全出于书写心灵、情感抒发，他不属于大众不属于政治甚至不属于知识分子。

他不属于任何群体。

阅读不只是为了观赏风景，更是为了直面自己。人们每天置身于现实之中，却很难触摸到它的本质。萨特说："我们所有这些人都在这里又吃又喝来保存我们宝贵的生命，而实际上我们并没有，丝毫也没有任何生存的理由。"卡夫卡不仅预言了自己的悲剧命运，更预言了现代社会的存在危机。他是 20 世纪的指路人，他的困境就是当代人的困境。

列夫·托尔斯泰之死

>>

历史留给托尔斯泰的是无尽的失望。他去世后的一百年里，梦想的“人类会终止争斗、厮杀和死刑”不仅没有实现，反而是战争、暴力革命随着先进武器的发明与极端思潮的泛滥席卷了全世界。

列夫·托尔斯泰出身于贵族。1856 年，他试图解放自己领地的农奴，却得不到农民的信任。1863 年至 1899 年，他先后完成了长篇小说《战争与和平》《安娜·卡列尼娜》和《复活》，通过历史事件、家庭关系以及地主与农民之间的矛盾，描绘了沙俄的社会生活，引起巨大轰动。

列宁称他为伟人，屠格涅夫说他是怪人，他自评是个“令人生厌的糟老头”。著名媒体人苏沃宁的话点出了他的分量：“我们有两个沙皇，尼古拉二世和托尔斯泰。他们谁更强大？尼古拉二世拿托尔斯泰无可奈何，无法撼动后者头顶的王冠，但托尔斯泰却令尼古拉二世的王冠和王朝摇摇欲坠……”

被无数崇拜者视作圣人的托尔斯泰年轻时酗酒赌博、沉迷性爱甚至染上了性病，33 岁迎娶比他小 16 岁的索菲娅时，还将自己的性爱日记给对方阅读。谁能料到，耽于声色的他到老却成了一个彻头彻尾的清教徒。

他不是象牙塔里的作家，一生中曾数度放弃文学，选择教育，为农民创办了近 40 所乡村学校。他还从事社会批判，致信沙皇劝其改善老百姓的生活。

屠格涅夫清醒地认识到托尔斯泰所做的一切都是徒劳，临终前写信劝他:“我的朋友，回到文学事业上来吧！须知你这种才华只能用在这方面，用在别的地方那就是另一回事了。”但最终，屠格涅夫只能看着托尔斯泰在“关怀社会”的道路上越走越远，一去不回。

1901 年，被俄国宗教院开除教籍的托尔斯泰离开自己在莫斯科的住所，回到故乡雅斯纳雅 · 波良纳庄园。白发苍苍的托尔斯泰开始改变自己的生活方式，远离贵族集团的社交应酬，穿最普通的衣衫，头戴草帽，腰系皮带，完全成了一个农民，在田野上干着粗重的农活。

孤独的托尔斯泰注定不为世人理解。沙皇早就厌倦了他“放弃专制统治”的规劝，革命领袖也不需要他的“人道主义”。

托尔斯泰之所以进退失据，源于他对“国家犯罪”深怀警惕，希望依赖个人的良知来改造社会，要求每个人都负起自身的道德责任，包括沙皇，也包括革命者。这样一条非暴力的改良之路，显然不为革命领袖所喜爱。

但托尔斯泰始终不为所动，在《天国在你心中》一书里，他喊出了“暴力即是恶”的口号——即便为了铲除暴力之恶，也不能使用暴力，因为铲除暴力的暴力也是恶。

1862 年，托尔斯泰与索菲娅结婚。最初的生活很美好。17 年间，索菲娅为他生育了 13 个孩子，其中 4 个早夭。索菲娅一直忙于照顾孩子，协助丈夫的工作，单是《战争与和平》的手稿就誊写了 6 遍之多。小说写成后，托翁感念爱妻的辛劳，送给她一枚镶有钻石和红宝石的戒指，将其命名为“安娜 · 卡列尼娜”。

即使如此，索菲娅还是在日记里哀叹：“我很累，怀孕让我变得愚笨，经常失眠。”

不久，两人的隔阂开始逐渐加深，“地狱”“痛苦”之类的词语经常出现在夫妻二人的日记中。

正如儿子谢尔盖的回忆，父亲跟母亲经常进行气氛凝重的谈话，母亲指责父亲不关心庄园事务，不挣钱养家。

1891 年，托尔斯泰不顾索菲娅的反对，发表了一个正式声明，宣布放弃自己 1881 年之后出版的所有作品的版权。1895 年，他更进一步，在 3 月 27 日的日记中，立了一个非正式的遗嘱，宣布放弃自己的财产。索菲娅担心家中开销，坚决反对。于是，家庭战争频繁爆发，整整持续了 10 年。托尔斯泰对索菲娅的歇斯底里愈发不能容忍，经常表示自己宁可离家出走。而索菲娅则以自杀相要挟，并形影不离地跟踪托尔斯泰，用望远镜监视他。晚年的托尔斯泰得过疟疾和伤寒，不时晕倒，他常说：“我唯一的病根就是索菲娅。”

1910 年，托尔斯泰生前的最后几个星期里，周围的环境已经恶劣到令他难以忍受。身处于这种无休无止的斗争漩涡中，为了求得环境的安宁和内心的平静，托尔斯泰认为只有离家出走，到俄罗斯广阔的原野里去获得一席栖身之地，才是唯一的出路。

10 月 27 日午夜，躺在床上还没入睡的托尔斯泰发现办公室里的灯光亮了起来，并听到窸窸窣窣的响声。原来，索菲娅猜测丈夫一定预备了一份对她不利的正式遗嘱，因此想趁托尔斯泰熟睡之际到办公室里寻找。

可惜她找错了地方。最终遗嘱确已写好，但并没有放在家里。托尔斯泰将它交给了自己的助手切尔特科夫。索菲娅的举动成为压死骆驼的最后一根稻草，托尔斯泰绝望了。夜深人静时，老人穿着睡衣，拿着蜡烛，敲开了自己的私人医生马科维茨基的房门。

马科维茨基一看时间，已是凌晨 3 点。他吃惊地望着满面愁容、神情激动的托尔斯泰。老人说："我决定要走了。你跟我一起走。我先上楼，你随后就来，小心别惊醒了索菲娅。我们不用带太多的东西，只带必需品。"

言讫，老人又上楼叫醒了小女儿李沃芙娜，对她说："我现在就离开，永远离开。来帮我收拾一下行李。"

清晨 5 点，托尔斯泰悄悄地将行李搬到马房，同马科维茨基和李沃芙娜乘马车出发了。他们计划先到夏莫尔金修道院暂住一阵，因为托尔斯泰的妹妹玛利亚在那当修女。

在火车站等车时，老人神色不安，走来走去，马科维茨基清楚，他是怕索菲娅追来。

直到在二等车厢的单间坐定，火车缓缓启动，托尔斯泰才真正觉得安全和自由了，神情愉悦。可是，当他小睡了一会，醒来同马科维茨基喝咖啡时，却又忧郁道："索菲娅现在不知怎么样了？我可怜她。"

这种矛盾的心理使老人陷入自责与不安之中，却并未动摇他离家出走的决心。翌日，托尔斯泰找到了当修女的妹妹，两人抱头痛哭。

就在这一天，报纸报道了托尔斯泰出走的消息。索菲娅对她的一个孩子说："给你父亲发电报，就说我投水自杀，死了。"

托尔斯泰在修道院歇了几天，由于怕索菲娅追来，在一个清晨突然离开。

一行人搭上一列火车，前往六百英里外的诺沃切尔卡斯克。中午刚过，托尔斯泰就在车上发烧打寒战。经马科维茨基诊断，他已感染了肺炎。当晚，人们在阿斯塔波沃的一个小站把他抬下火车，送到站长家里休息。老人情绪显得很好，半开玩笑地对李沃芙娜说："好啦，这下快要死啦，别烦恼！"

玩笑话一语成谶。七天后，一代文豪果然在这个偏僻荒凉的小站撒手人寰。

托尔斯泰染病驻留阿斯塔波沃的消息很快便被记者传开，李沃芙娜给在莫斯科的大哥谢尔盖发了电报。

11 月 2 日晚，谢尔盖赶到车站，却犹豫着要不要进去看父亲，因为老人深信家人都不知道他的行踪，见到儿子可能会情绪激动。马科维茨基知道托尔斯泰时日无多，便建议谢尔盖去见。

夜里 10 点，谢尔盖走进房间。听到声音，老人睁眼，用不安的眼光打量着站在床前的大儿子："是谢尔盖吗？你怎么知道的？你怎么找到我们的？"

谢尔盖撒谎说他路过戈尔巴乔沃时，一个列车员告诉他的。

"列车员怎么会认识你？他难道知道你是什么人吗？"

听完谢尔盖的回答，老人闭上了眼睛，没再说话。第二天，他在日记里写道："晚上谢尔盖来了，我很感动。"

这时，索菲娅偕子女和医生来到阿斯塔波沃。

子女和医生商议的意见是，在托尔斯泰主动叫索菲娅之前，无论如何不能让他们见面，因为老人的身体已经衰竭，经不起任何情绪波动。

然而，托尔斯泰对索菲娅的处境却很关心。11 月 3 日，老人见到女儿达尼雅时，详细地向她询问索菲娅的情况。

"跟我说，她在干什么？她做了什么事？收到我的信了吗？觉得怎么样？"

即便如此，直到临终前，托尔斯泰还是不愿见妻子，只在一次病情恶化后的呓语中喃喃道："索菲娅的担子很重啊！"

情和理一直在他心中交织缠斗。高尔基曾说："托尔斯泰是 19 世纪伟大人物中最复杂的一位。做他唯一的亲密友人，做他的妻子，做他许多孩子的母亲，做他的家庭主妇，的确是一个艰难而繁重的任务。"

11 月 5 日，病情恶化，托尔斯泰的体温时降时升，脉搏高达每分钟 140 次。他时而抓紧被子，时而放开，时而又把双手放在胸前摸索着什么。疾病造成的痛苦让老人大声地呻吟着。

一次，他突然坐起来道："我恐怕就要死了！"另一次，他说："我要到一个地方去，没有人来打扰我，你们让我安静安静吧。"还有一次，他猛然从床上欠起身子，用坚决的语气喊道："走，应该逃走！"

那几日，小小的阿斯塔波沃站空前热闹。大批闻讯而来的记者和摄影师在此守候着，忙碌着，不断发出关于老人近况的消息和照片。沙皇政府派来的官员挤满了这个原本荒凉冷落的乡村小站。

19 日夜里 12 点，托尔斯泰的呼吸急促而沉重，喉咙里出现呼噜呼噜的声音，医生提议注射吗啡。不久，老人的呼吸从每分钟 60 次骤减到 36 次，脉搏也逐渐微弱。

20 日凌晨两点，根据医生的建议，一直在车上等候的索菲娅被允许进入屋子。

在只点着一支蜡烛的小屋里，索菲娅神情忧伤地站了一会，远远地注视着躺在床上昏迷不醒的丈夫。她抑制着感情走过去，吻了吻托尔斯泰的前额，跪下来小声道："原谅我。"

凌晨三点，老人醒来了，动弹呻吟，脉搏微弱到几不可测，医生们开始打急救针。到了五点，托尔斯泰的呼吸越来越慢，并突然停止。

"第一次停止呼吸。"守候在一旁的医生说，当即进行了人工呼吸。老人恢复了微弱的气息，悲哀道："农民，农民，他们是怎样死的啊？"并屈起膝盖，似乎想躲开移近的烛光。索菲娅再次走到丈夫跟前，在床边跪下，马科维茨基也走了过来。

伟大的作家对众人说了最后一句完整的话："世上有千百万人在受苦，为什么你们只想到我一个！"

言毕，与世长辞。

托尔斯泰的死讯像闪电一样传遍了全世界。各地的电报都忙着拍发关于他去世的消息，成百上千的专栏、社论在排版、付印。当时正在意大利侨居的高尔基写道："这真是晴天霹雳，我痛苦懊恼得叫出了声来！"

当天，火车载着伟人的遗体，从阿斯塔波沃朝他的家乡缓慢驶去。沿途的每个车站都挤满了群众，纷纷向作家表达最后的敬意。在离波良纳最近的谢金诺车站聚集着大学生、市民和各方代表。农民们举着白色亚麻布做的横幅，上面写着："列夫·尼古拉耶维奇，您的好处将永远铭记在我们成为孤儿的农民心里。"

根据托尔斯泰的遗嘱，他的遗体安葬于古老的橡树和菩提树环绕的地方。那是波良纳的一处林间空地，坟头没有任何碑文与十字架。

历史留给托尔斯泰的是无尽的失望。他去世后的一百年里，梦想的"人类会终止争斗、厮杀和死刑"不仅没有实现，反而是战争、暴力革命随着先进武器的发明与极端思潮的泛滥席卷了全世界。

托尔斯泰的预言也是精确的：以暴制暴并不能解决问题。其"非暴力"的思想在生前未能被历史理解，在身后却于血与火的洗礼中逐渐获得世人的认同——甘地、马丁·路德金、曼德拉实践了他的理想。其中，甘地是与托尔斯泰通过信的学生，马丁·路德金从托翁的著作中获取灵感，曼德拉最喜欢的小说是《战争与和平》。

“总有一天，人类会终止争斗，厮杀和死刑。他们将彼此相爱，这样的时代将不可阻挡地到来，因为所有人的灵魂里植入的都不是憎恨，而是互爱，让我尽我所能，使这个时代尽快到来。”

不死的中国人

>>

没有一个国家的国民不想拥有权利，也没有一个国家的国民不想免于恐惧。

1885 年，美国怀俄明州爆发了一场针对华人的屠杀，死了几十人，唐人街火光冲天，浓烟久久不散。

受颟顸无能的清政府拖累，19 世纪的海外华人饱尝歧视，忍辱负重。但细究史料不难发现，此次屠杀是由白人策动的，不过并非普通的美国白人，而是刚刚移民至此的西班牙人。

Why？

15 年后，德莱赛的名著《嘉莉妹妹》出版，里面有段情节描述的是芝加哥工人大罢工。

作为一个失业已久的流浪汉，主人公听说电车工人罢工，电车司机不上班了，心想“我能不能去挣点钱呢”，于是跑去开车，结果被工人痛扁，头破血流，工钱也不敢领，逃回了家。

当时的华人，很多时候便扮演着类似的角色，即工人阶级眼中的“工贼”。

以加利福尼亚州的劳工骑士团为例，这是美国历史上的排华急先锋，叫得最响，喊得最凶。但说到底，它又不是 3K 党那样的邪恶团体，不过是当时遍及世界各个工业化国家角落里的工人运动的分支。并且，翻检其主张，不分种族、没有歧视、同工同酬、不用童工等伟大光明正确的字眼也目不暇接。

那到底是为什么呢?

因为华人不参加工人运动。

工人阶级是弱势群体，想跟资本家斗，除了抱团，别无他途。如果大家都罢工，你去上班，势必使整个运动溃于蚁穴，分崩离析。而当时的华人不仅不参加罢工，还破坏行情——拿着极其微薄的工资也能埋头苦干。

这是其他少数族裔绝对无法容忍的。

1882 年，美国出台了历史上唯一一部针对特定种族的法案——排华法案。

这件事的吊诡之处在于，彼时美国的远东政策是扶持中国牵制日本，关系好到其驻华公使蒲安臣卸任后居然当了清政府的首任外交使节。并且，清朝第一批公派留学生去的正是美国。

事实上，排华也不符合美国当时主流的精英意识形态。

法案是在阿瑟总统手上通过的。此人是林肯的好友，废奴运动中成长起来的政治家，一贯反对种族歧视，曾说：“种族平等，尤其是移民自由，针对世界上任何苦难的人张开怀抱，这是美国的立国精神。”

阿瑟一再否决排华法案，最后实在顶不住才勉强通过。而支持者的理由，他无从反驳：华人破坏民主制度，从来不参加选举，即使给了他们选票，也被工头的小恩小惠买走。

两千年的君主专制，耗尽了国人的爱国热情。没有一个国家像古代中国一样，如此高调地宣传忠君思想。但也没有一个国家如它一般，随时准备推翻君主。

“彼可取而代之”“王侯将相宁有种乎”——以乡土为存在单位的中国人，一旦离开其土生土长的县域，就会感觉很陌生。事实上，秦汉以降，中央政权是靠政治强力而非情感认同把臣民归拢到一起的，基层仍呈现出一种碎片化的存在，用孙中山的话讲就是“一盘散沙”。

这样的人民，可能有私德，而鲜少有公德。要么做稳了奴才得过且过，要么忍无可忍揭竿而起，在契约和法治的框架内伸张权利的公民意识则几不可见。

有本书叫《不死的中国人》，是两个意大利记者通过采访当地华人写成的。

书中展示了意大利社会对华人的态度转变，从早年的热情好客到现在的警惕厌恶。

在他们眼中，华人除了具有小强般的生命力与忍耐力，最突出的特点就是封闭和神秘，从不参加公共生活，毫无参政意识，对融入当地没有任何兴趣，只是不停地干活、赚钱、储蓄，夜以继日，不知疲倦。

为什么叫“不死的中国人”？因为意大利人几乎见不到华人的葬礼，有好奇者随口说了句“中国人永远不死”，便以讹传讹了。

真相其实很简单：华人到了 60 多岁时，基本都回国养老了。

带着半辈子攒下的血汗钱。

没有一个国家的国民不想拥有权利，也没有一个国家的国民不想免于恐惧。

除非肉食者不愿让他们有。

汪生[1]苦短，及时行乐

>>

但那又如何？狗的一生只有四千多天，却给主人的生命带来一段金色的时光。

谈到新疆塔城也有自己的粉丝，猛小蛇很高兴。

微信公众平台的后台可以清楚地看到用户分布，在去塔城围观 2014 环塔拉力赛前，猛小蛇发现这座位于中哈边境、市区只有十几万人的小城竟然有 12 个《狗日报》的订阅者。

一个养哈士奇的高中男生请猛小蛇喝当地知名的俄罗斯酸奶。他并不知道什么叫自媒体，只是因为爱狗在微信上搜到了《狗日报》，从此成为忠实粉丝。

猛小蛇说那一刻他觉得世界很奇妙。

---

① “汪生”者，狗的一生。

在网民上网聊天前还得打传呼预约的时代，猛小蛇以犀利的 IT 评论名动江湖，同王小山、李寻欢和王佩并称为“网络四大杀手”。

2002 年 8 月 8 日，猛小蛇被方兴东叫到家里。王俊秀也在场，端着碗面条，说我们要起草一份《博客宣言》。不久，“博客中国”成立，在严九缪（一只雪纳瑞）一岁生日当天，猛小蛇以博客的方式给它办了一份《狗日报》，搜集世界各地的狗新闻。

第一批读者是媒体圈的好友，包括金错刀、胡舒立。搞到 2004 年，风生水起，夺得《德国之声》全球博客大赛的冠军。抱着奖品（一台苹果笔记本），猛小蛇寻思着事情闹大了，应该做点什么，便拉了几个网友开办“圈网”。

网站方兴未艾，女儿呱呱坠地。猛小蛇惊觉收入不够买奶粉，草草收场，重归打卡上班的生活轨道，辗转于 MySpace、华为和盛大。

然而，安分了没几天，猛小蛇便拉在腾讯上班的和菜头探讨互联网创业项目，包括狗导航、狗托儿所、狗咬胶专卖、狗世纪佳缘……当然，没有一项落地。

猛小蛇清楚短板所在，自嘲执行力弱到办个营业执照最后对方竟来电催问还要不要。作为小蛇的朋友，我觉得比起做公司，来自天府之国的他只是在找一件喜欢的事自得其乐地玩。

他爱用“却道天凉好个秋”式的幽默转移严肃无聊的话题，也曾在木子美落难时把她引荐到博客中国。而当一家人围坐观看催泪大片《忠犬八公的故事》时，又摇身一变成了“死理性派”，直指剧本漏洞：秋田犬是不叼球的。

然而，汪星人拥有所有的观赏性，但只有狼能存活于残酷的世间。创业是一场旷日持久的煎熬，生死叵测，歧路亡羊，对掌舵者的个人意志要求极高。

猛小蛇的劣势很明显。

2013 年，自媒体迎来了井喷式的发展，全职奶爸猛小蛇也开通了《狗日报》的微信公众号，并加入自媒体联盟 WeMedia，一年之内积累了 4 万多用户。

《狗日报》的博文曾被出版社集结出书，这使猛小蛇笃信原创和深度思考的力量，乃至玉林狗肉节时没有迎合民意对吃狗肉口诛笔伐，发布了几篇自觉理性客观的文章，结果严重掉粉。而另一方面，上海一家宠物用品公司想购买《狗日报》的内容，一年 500 篇。猛小蛇掂量自己很难坚持量大质优的更新，也不想被合同栓死，便拒绝了。

为了寻找商业模式，他也曾统计用户数据，发现一线城市养泰迪的最多。泰迪是小型犬，适合节奏快、空间小的白领。但其周边配饰很多，消费并不低；二线城市空间足够，喜欢金毛，年均支出可达万元。

垂直的定位吸引了数码厂商 Emie，同《狗日报》合作销售一款萨摩耶犬造型的移动电源。一周之内，《狗日报》在微信上的销量超过了 Emie 官网一个月的销量。

其实他很早便在公号菜单里添加了“狗东西”一栏，出售狗的生活用品。但和植入广告一样，都是通过消耗注意力来变现，难以持续。

同时，微信公众号也逐渐步入审美疲劳的红海，有时一天新增的粉丝与取消关注数不相上下。猛小蛇陷入自我怀疑之中，觉得《狗日报》不如草根大号有竞争力，头发也白了一片。

还好有粉丝的力挺。

一天傍晚，因参加活动无法按时更新，他用手机录了一声狗叫向粉丝致歉。第二天打开后台一看，1000 多人语音留言学狗叫回应……

猛小蛇说自己的梦想是让中国的汪星人都吃上标准狗粮。真到了那天，《狗日报》的盈利模式也便迎刃而解。但他又感慨，在一个人的问题都没搞明白的地方，普及狗权，道阻且长。

美国有一座外形为狗的木制旅馆，安放在主人“电锯艺术家”的后院，住宿费每晚 100 美金，排号已排到几年之后。旅馆一层陈列着主人的木雕作品，全部跟狗相关，销量不菲。

猛小蛇幻想有朝一日能打造一百所这样的旅馆，不同犬种，遍布各个城市。再向爱狗人士发行汪星护照，住一间盖一次戳，集满一百个戳，便会被邀请到位于山谷中的神秘基地……

从博客到微博再到微信，猛小蛇与他同时期的内容传播方式上的先行者做的还是媒体的数字化转场而非转型。但在移动互联时代，媒体面临的真正危机是商业的“脱媒化”，一个又一个“信息差”被抹平，用户不再需要通过媒体（包括自媒体）了解产品。他们关注企业官微，零距离互动，呼朋引伴，直接下单，连渠道都省了，广告还有什么边际效应？

但那又如何？狗的一生只有四千多天，却给主人的生命带来一段金色的时光。只要过程精彩，便可像秀兰·邓波儿晚年对记者所说的那样:“如果我还能再活一次，将不会对我的人生做任何改变。”

2013 年 8 月，严九艾（一只拉布拉多）在西双版纳猛小蛇的一个友人家中去世。

他飞到云南，和三个民工扛着为爱犬做的木板棺材，把它埋在小山坡上。山坡下是一条河，对面是老挝。严九艾的身旁，躺着它几年前过世的妻子。

那几天,《狗日报》没有更新。

互联网创业大潮里的一朵浪花

>>

难兄难弟正准备坐下来交流失败经验，一个身穿蓝色羽绒服的彪形大汉勇猛地挤到附近的柜台前，喷了半分钟，对方收下了他的名片。

于颢在中关村生活了30年。从小学、中学、大学，到研究生、工作、创业，始终不曾离开这块神奇的土地。他目睹了一座座有形的、无形的地标拔地而起，见证了中国互联网发展历程的一个侧面。而他自己的故事，也将成为这个时代的剪影。

于颢的车坏了，停在中关村茶点铺门口，打不燃。

他邀请我到这家成立于20世纪50年代的国营商店品尝“绝对不含添加剂”“名字里有的东西都不会少放”的纯正西点。

一间没有橱窗的门脸房，沙县小吃般其貌不扬。拉开铝合金门，浓香扑鼻，一个打扮得像药剂师的售货员站在玻璃柜台后面，身前放着算盘、白盘秤和不锈钢的大夹子，每卖一单就在本子上记一笔。

中关村茶点铺是在时任中科院院长的郭沫若的提议下开办的，旨在满足科研人员和苏联专家的口腹之欲，聘请为1949年的“开国第一宴”掌过勺的名厨景德旺担任技师，是那个年代知识分子聚会交流的“左岸咖啡馆”。

在于颢的记忆里，小时候零花钱不够，便约上小伙伴跑到茶点铺铆足了劲闻香味。虽然很快便会被轰出去，但仍觉一整天都幸福自足。

那时的中关村还有菜地和宰猪场。理想国际到海龙大厦之间的区域被称作“三角地”，是一片类似棚户区的破烂市场。不远处的“大操场”（现中关村文献管理中心）则专属于熊孩子，里面有台废弃的大锅炉。玩捉迷藏时找不到人，往锅炉里瞧瞧，一逮一个准。

十岁那年，于颢在小学食堂吃出一条蚯蚓，被老师勒令当众吞下，愤怒的他掀翻了餐盘。

由于父母上班远，中午不回家，午饭从此成为难题，直到母亲托人将他安排到学校旁的一家小公司。

每天中午，于颢都带着作业和饭盒去公司等开饭。探头探脑间，发现里屋坐着一个皮肤白净的眼镜男，目不转睛地盯着电脑。旁人告诉他，此人叫王志东，毕业于北大无线电系。

很多年后于颢才知道，这家公司的名字叫四通利方。那时，他已是北京大学计算机协会的会长。而该会的创始人，正是王志东……

少麟清楚地记得自己和于颢是如何走上写代码的道路的。

1999 年，黄庄路口出现了一家“连邦软件”，销售正版游戏。动辄近百元的《仙剑奇侠传》和《金庸群侠传》吓退了两个中学生，只能偶尔在试用软件的电脑上点几下，一晌贪欢。

一日，少麟拉着于颢找到一个卖盗版碟的大妈，凑了 15 块钱买下她从裹孩子的被褥里摸出来的《红色警戒》。

全新的世界打开了。少麟很快发现入手的一张“合集”盘里附带了一个游戏编辑器，便以此为起点，自学 Basic 语言、C 语言，乃至写出风靡北京各大中学的小游戏《没落贵族大战流氓》。与此同时，受其影响的于颢则编成一套保安巡更系统，送给了一家物业公司。

2003 年，于颢考入北大信息学院计算机系。大一时，李开复来校演讲，现场人山人海，摩肩接踵，校方为防止踩踏，不得不将活动分成了上下两场。

于颢因为选了门算法课，留在空荡荡的教室聆听另一个李老师——李文新（现任北大信息科学技术学院副院长）的教诲：

上课是汲取新知识，学习真本事，演讲可以在校园网上看录播啊，非要去现场吗？现在的北大学生就这么点追求？一入学就想着去微软工作！我们那个年代可不是这样。你都上北大了，占用了这么多优质资源，就该想一想如何让别人过得更好，而不是只惦记着找一份好工作。

李文新只是随口说说，于颢却把这段话放在了心上。

北大的竞争极其残酷，两门专业课挂科直接退学。于颛清楚地记得，大一时有个女生跳楼，自己下课恰好路过，看见尸体扎在栏杆上，两个警察正在处理；同学院一个男生被勒令退学，无颜回家，天天躲在宿舍打游戏，室友不管，楼长也不赶，任由其虚掷光阴。直到临近毕业，所有人都去做设计，楼道空了，他才彻底崩溃，背着书包挨个实验室敲门，说："我是 03 级的 XXX，已被退学，现在只有一个愿望，求求老师，让我把毕业设计做了吧！"。

没有人理会他，只有李文新表示接纳。男生当场热泪盈眶道："谢谢李老师，让我在北大的生涯是完整的。"

李文新的实验室研究人工智能，有时也会开发类似"绿坝——花季护航"这样的产品，比如亲痛仇快的"掌纹识别仪"，让学生"刷手"记考勤。

要求学生每天跑步是北大的优良传统，如影相随的则是未名 BBS 上的代跑服务——只需把学生证交给对方，便能代刷。

但当掌纹识别仪出现在"五四运动场"上时，睡懒觉成了铤而走险的选择。于颛是这套设备的研发小组成员，负责硬件和驱动，核心算法则由其师兄吴明辉牵头，此人后来创办了被 IDG 合伙人李丰称作"中国唯一一家真正意义上的大数据公司"的"秒针"（第三方广告评估平台）。

于颛告诉我，吴明辉是奥数竞赛得奖保送到北大的，在校期间拉了几个好友组建工作室，做软件外包。一次，需求方问他会不会".net"，吴明辉不懂，却点了点头，而项目周期只有三周。

第一周，他一边自学“.net”一边在论坛上招人、面试；第二周，给招来的人培训；第三周，连夜开发。

终于按时完工。

2006 年，“秒针”成立，在数字广告监测领域深耕至今，覆盖 70% 的中国市场，客户包括大众、宝洁和欧莱雅等一线品牌，上市在即。

于颢认为，“秒针”胜在技术先进，因此不惧模仿和山寨。一次，客户打电话给吴明辉，说：“有人报价是你的十分之一，让我们试用他的产品。下次你能不能给我一些优惠？”吴明辉道：“欢迎试用，不过不要给钱，一定要免费试用。我们对自己的产品很有信心，也一定会让您从实际结果中看出到底哪一个更优秀。”

更让于颢钦佩的，是“秒针”对几乎所有被北大劝退的学生“照单全收”，包括那个李文新收留的男生。用吴明辉的话说就是：“这些同学都很优秀，只是因为不适应环境或自觉性差，犯了错误。在他们人生的岔路口，若不施以援手，任其回家复读，轻则浪费生命，重则就此沉沦。我只提供一个机会给他，如果抓住，便能改变人生。”

2005 年的北大迎来了连战的演讲，于颢也确立了人生的方向。在三角地同吴明辉散步时，这个天生对数字有着独特嗅觉的研究生对师弟袒露心迹：“很多人毕业选择出国、找工作，而我决定创业。从你读完硕士 25 岁，到 46 岁这 21 年间，有 7 次创业机会，每次三年。七次里只要成功一次，人生的境遇便大不相同。而即便回回失败，46 岁时你一样可以去找工作，因为积累的经验是那些打工的人所不具备的。并且，当你躺在摇椅上时，不会为自己的人生后悔。”

不过，五年后，当于颢研究生毕业时，一脸书卷气的他还是选择成为一名产品经理。

码农于颢，第一次拥有“产品思维”是在大四。当时，“唱吧”创始人陈华正鼓捣其第一个创业项目“酷讯”，回母校招聘。“快来加入吧！我们是下一个百度”的海报贴得到处都是。

一个面试成功的男生回来复述考题。不是算法，而是“百度搜索条上都有哪些按钮”。于颢推开了一扇窗户，近距离观察到产品驱动的互联网公司是如何生存的。

2011 年，“四万亿”的兴奋剂在神州大地的血液里涌动、发酵，马路上出现了各种新奇的跑车，驾驶它们的是“地产大亨”“水泥大亨”和“钢铁大亨”。像许多 80 后一样，面对高企的房价，于颢对未来深感绝望。

年底，朋友找到于颢，拉他一起创业。俩人对着电脑研究一个英文网站：域名是一对恋人的名字，网页上有其相恋的故事和瀑布流式的照片墙。拉到底端，点击“donation”的按钮，亲友便可为其婚礼做捐助。

鉴于国内尚无同类产品，二人决定做一个自动生成婚恋空间的网站，打入婚庆市场。为此，他们找来“一起作业网”的产品经理三毛、百度工程师 Weakow 和连续创业者才奇，凑钱启动了一个“to B”的项目，名曰“纽扣网”。

北京彼时有 4000 家婚庆公司，竞争激烈，门槛极低，只要有车队、物料、场地和主持人的资源便能搭个草台班子，而于颢却天真地以为可以通过给其做增值服务实现自给自足。

一帮人开始在大众点评网上扫描客户，逐一打电话约访。为提高效率，于颢开着自己的黑色本田上门推销，但旋即便因负担不起油费而改乘公交。有了这段经历，他对黄太吉创始人赫畅自诩“开豪车送煎饼”一事感到匪夷所思。

其实，在那些只有小学文化程度的婚庆店老板看来，于颢纯属异想天开。

一次，他进门刚讲了几句便被店长打断：“你先等等，我要见百度的人。”顷刻，一个穿得像房产中介的年轻人夹着公文包走进办公室，于颢立刻明白，所谓“百度的人”事实上是卖关键词排名的外包公司。

两人抽着烟聊了一个多小时，于颢在办公室外站酸了腿。满屋子都是拍婚纱照的客户，没地方坐，只好蹲着。

“百度的人”终于出来，瞥了眼于颢，道：“经理说让你走，他对你不感兴趣。”

然而，即使那些感兴趣、试用了产品的婚庆店，也没有一家跟纽扣网结款。正焦灼间，看到“婚博会”的广告，别无选择的于颢同合伙人在周末赶赴国家会议中心。

会场举袂成幕，大大小小的婚庆店都派销售来抢单。于颢挤到一个柜台前，没说两句，对方便漫不经心道：“哦，好，去那边留张名片。”

走到指定的位置，只见一个小姑娘敞开麻袋，用手指了指里面。

于颢把名片丢了进去，登时有种将硬币抛入无底深井的感觉。

又转了几圈，唯一的收获是结识了一个推销 3D 视频、同样四处碰壁的哥们。

难兄难弟正准备坐下来交流失败经验，一个身穿蓝色羽绒服的彪形大汉勇猛地挤到附近的柜台前，喷了半分钟，对方收下了他的名片。

于颢眼前一亮，跟在大汉身后“偷师”。但见其先是利用体型优势挤开众人，再操着山东口音高声朗诵道：“先生，您好！我给您提供最便宜的婚宴场地，只要四折！菜品一律高品质！”

然后翻开随身携带的笔记本：“这是我们公司营业执照的复印件，这是税务登记证复印件。我们很正规！”最后递上用别针别好的名片和彩页：“这是我们的材料，请收好，有需要时请联系我们！”

于颢一个箭步冲上去，抓住大汉，非要请他吃晚饭。

几杯酒下肚方才得知，话术是经理编的，每天做早操时必须大声背诵三遍，错了要挨罚。

类似的草根打法于颢也听说过，但家境不错的他始终放不开。值此危急存亡之秋，他决意扎根底层，参加了几场活动，听大妈们眉飞色舞的分享，看主持人声嘶力竭地大喊“我们怎么才能对得起自己的健康”，念“一个人不可能拒绝你七次”“每四个人就会有一个回应你”的咒语——直至催眠到产生“给我一坨屎，也能卖掉”的错觉。

同时，他强迫自己每天跟保安、清洁工和停车场大爷胡侃，接了两个月地气，感觉能量槽爆表，招了一堆地推人员，全部零底薪，不给上保险，只拿提成，集体培训，统一洗脑，吓得三毛直犯嘀咕：“你怎么染上了流氓习气？”

然而，方向错了，停止就是进步。

跟婚庆店老板打成一片的于颢在请其中一位喝酒时，对方道出了肺腑之言：“小兄弟，为了你好，听我一句劝，这事别做了，我不会给你们结款的，别人也不会。你知道我每天都跟客户吵什么吗？她非告诉我说信封 6 毛 5 一张，分项报价里的 7 毛贵了——你说你的网站一个账号卖我 80，我能给你钱吗？还有，一看你就没结过婚，新郎新娘结婚前连觉都睡不足，哪有工夫往网站上传照片？不会有人用的，赶紧干点别的吧！”

面对残酷的现实，于颢不得不痛苦地承认自己选错了项目。事后复盘，他总结出三点教训：

一、文化差异。美国人结婚是两个人的事，用一个网站通知朋友、告知幸福，可行。但在中国，婚礼是一场宏大的演出，双方的家庭和亲友都是躬逢其盛的演员，网站所能扮演的角色和发挥的作用都太轻。

二、时值移动互联网爆发前夜，却因技术跟不上，固守 PC 端。而产品的重要功能是“婚礼通知”，让用户接收到短信再在电脑上输入网址，路径繁琐。

三、即便要做，也不该收费，而应拉一笔风投，先扩大用户规模。

“纽扣”失败后，于颢又做了个互联网中间件，并在搭建团队前便开始接触投资人。但名不见经传的他凭什么获得 VC 的青睐？

最后一家 Say No 的是创新工场。当他失魂落魄地走出海龙大厦时，手机响了，短信上赫然出现一行刺眼的字：您的信用卡本月自动还款扣费未成功。

他绝望地蹲在地上，旁边是一个要饭的老头，有气无力地拉着二胡。望着深秋的凉风卷起路边的废纸，于颢想起吴明辉的“七次创业”理论。

但再打鸡血也没用，囊中空空如洗，头天的晚饭还是一个老同学带着把挂面和两颗西红柿来家里帮忙给做的。

海龙的南面有座家乐福，门口聚集着大量的黑车，起步价 20——够一顿盖饭了。于颢迟疑片刻，走上前去，同黑车司机攀谈起来。

突然，一个女孩问道：“师傅走吗？”于颢愣了愣，尴尬地把她带到不远处自己的车前。一路上，他尝试着同她聊天，对方却把脸扭到了另一边。

快到家时，女孩问多少钱，于颢说：“算了，我也不是开黑车的，你快回家吧！”结果她连一句“谢谢”都没有，转身就走。

深入到这个庞大的地下产业，于颢发现，黑车分为三种形态。第一种有大哥罩着，定点趴活，交保护费，一般在 KTV 门口拉人，出租车司机不敢在其地盘上抢活；第二种属于游荡式，空驶率高，收入也不稳定；第三种有正经工作，顺道就拉一拉，补贴家用。

在于颢的记忆里，小时候压根没有“黑车”一说，牌照实行申领制，有牌的车都可以拉活。后来政府为规范出租车市场，严禁私家车拉客，用大棒生生砸出了一条黑车产业链。

一次，于颢在网上看到一则“钓鱼执法”的新闻：某上海女子说自己肚子疼，软磨硬泡，逼着一个司机载她去医院。下车时非要塞钱，司机再三拒绝，还是没扛住，收了，结果当场被几个陌生男人摁倒。他怒不可遏，挣脱后掏出把刀，捅死了女人。

于颢灵光一闪：北京有 10 万辆黑车，出行困难已到了人神共愤的地步，由此引发的社会问题更是不绝如缕。滴滴、神州、易到等互联网公司已从打车和租车入手，改造这一封闭的领域，但各自的局限依旧突出：

打车软件只是挖掘出租车的存量，治标不治本；

租车风险较大——为了区区几百块，把车交给陌生人，对大多数车主而言，心理门槛很高。一旦出现剐蹭、违章、偷油甚至开车去干违法乱纪的事，咎将谁属？

另外租车公司发展私家车加盟，更是给了黑车可乘之机，踩着政策红线跳舞。

于颢想到了拼车。在仔细研读《北京市交通委员会关于北京市小客车合乘出行的意见》后发现，其限制和打击的是“高价”“短途一次”及“临时起意”的揽乘，而对“长途一次”“短途长期”且价格在合理范围内的拼车，表示支持和保护，动机无非是发动民众分享各自的交通资源来治堵治霾。

另一方面，社区类应用做拼车的很多，拼车类应用做社区的很少。比如，叮咚小区上面有遛狗、二手货等板块，拼车只是其中之一。

于颢觉得这是一个机会，于是揭竿为旗，云集了包括三毛和少麟在内几乎所有能想到的故交，动员大伙一起做拼车应用。

2014 年 6 月，“友车”上线，内嵌 IM 功能。虽说 IM 的架构和开发比较复杂，但于颢坚持要求技术团队攻关。毕竟，用户需要通过交流来建立信任感、确定用车时间，如果只定位于拼车工具，没有社交元素，他一定会跳出产品加微信。

但同时于颢又清醒地意识到，“友车”必须从需求出发，首先得是一款好工具。

然而，人的出行方式是有优先级的，比如逛完商场可能会打车，因为手上拎着重物；看完球赛可能会坐地铁，因为打不着车。常见的出行选择有五种，地铁、公交、打的、黑车和自驾，想把拼车加进来变为第六种，在培养用户习惯方面，还有很长的路要走。

第一道坎是地推。去哪推？怎么推？于颢只是凭感觉带着团队在各小区发广告。本来以为白天人多，但渐渐发现人流量的峰值在傍晚，不过都是些老头老太太，并非目标人群。

为了打动年轻人，于颢采购了一批卡通车摆，等候在家长带孩子遛弯的道旁，一边逗小朋友一边道：“想要吗？让你爸爸下载软件吧。”这给“友车”带来一些天使用户，但增长依旧缓慢。

商场和地铁口都试过了，效果还是不明显。一次，于颢看准一座离市区很远的园区，内有十几家大公司，员工通勤极为不便。

他刚把易拉宝展开，摊位搭上，保安就像狗闻见肉一样从四面八方涌来索贿。一天下来，光打点保安就花了上千元。

于颢很委屈：自己的APP免费，方便职工上下班，你保安凭什么来揩油?

对拼车业务而言，无非起点、中程和终点，对应的就是社区、路上和公司。社区鱼龙混杂，推广效果不佳，路途上大家都忙忙碌碌，推广效果也不好。而公司里都是上班的人，具备通勤的出行需求，做到达地是效率最高的，也是人群最精准的。在企业外部搞宣传被保安破坏很正常，但进入到企业内部做活动就不一样了。友车选择同大企业合作，引发了爆点。

7月，“友车”被苹果商店“旅游分类”推荐为“精品APP”。于颢不敢掉以轻心，为增强产品黏性，他亲自驾车响应用户，拉过饭馆的厨子、航天部的科研人员以及同婚外恋男友在后座上卿卿我我的设计师……

友车软件里，无论远近，价格区间都在十到二十元之间（由车主自定），秒杀了漫天要价的黑车。

9月，“友车”推出第五个版本，新增“自动推荐路线”功能，方便用户快速找到上下班顺路的车主。产品的价值进一步得到认可，一个铁杆用户倒休时甚至在自己的小区义务帮忙推广，还替“友车”注册了微信公众号。

10 月，“友车”完成支付闭环，A 轮融资亦将到位。于颢的目标愈发清晰：把拼车做成一个有趣的社交场景。他的假设是：如果同住一所小区的用户都在中关村上班，收入水平、兴趣爱好差不多，那么在事业方面就有交流、合作的可能，生活上也能搭把手。

许多活跃用户都是北漂，血液里流淌着奋斗的基因。而这，于颢认为，就是“友车”的产品气质……

十年前，“北京市大学生科技类社团联合会”在北京信息科技大学举办成立仪式，时任金山 CEO 的雷军受邀出席，于颢作为北大计算机协会会长，带一个好友赴会。

好友在一楼听雷军的演讲，于颢在二楼同各校会长商讨联合会的筹备工作。因为一个可笑的原因（起草文件中的说辞。“由清华、北大牵头成立”还是“由北大、清华牵头成立”），各高校代表分成两个阵营，争论不休，最后不欢而散。

于颢的好友却收获颇丰，回去的路上滔滔不绝地讲述自己的心得体会。回校后，这个被雷军洗脑的男生戒掉网游，在显示器上糊了张大纸，写下六个大字：再也不玩游戏！

几年后，曾经在挂科边缘徘徊的他拿到了国外的 Ph.D，成为西门子的算法科学家。

于颢相信创业家身上自带光环，能影响周围的人，好友和雷军、自己同吴文辉即是明证。

在朋友圈，于颢被称作“金刚狼”。漫威世界里，这个基因突变的超级英雄被设定为拥有强大的自我修复功能。

就像无数身世畸零、几度沉浮却痴心不改、屡败屡战的创业者一样。

谁同黑暗捣乱，谁就配拥有光明。

极权诱惑：
袁世凯的独裁之路

>>

在生命的终点，忆往昔峥嵘岁月，也许袁世凯最怀念的还是他当直隶总督兼北洋大臣的那段时光。

这个世界上有两种人，一种是沈夜（《古剑奇谭》）与维德（《三体》），另一种是谢衣与程心。

袁世凯属于前者。

慈不掌兵义不掌财，政治家要做的选择，比常人难太多。很多时候，尤其是在内外交困的绝境中，领导者不是用来让人喜欢的，而要甘于自污，亲冒矢石，趟出活路。

近代中国是一条险象环生的征途，救亡和启蒙是它的两大主题。20 世纪三十年代丁文江、蒋廷黻和胡适就开明专制与美式民主的利弊得失聚讼不已，究其本质，探讨的无非是“在一个内忧外患的国度，救亡和启蒙究竟哪一个更重要？”

杨度在写给袁世凯的《君宪救国论》里认为中国应该搞君主立宪，一个关键原因便是救亡。他从地缘政治的角度论证道：

俄、日二国，君主国也，强国也。我以一共和国处此两大之间，左右皆敌，兵力又复如此，一遇外交谈判，绝无丝毫后援。欲国不亡，不可得也。

对此，严复早在清末就做过预判，他认为蒙古、新疆、西藏等地臣服的是满洲皇帝，如果中国骤然废除帝制，让满酋退位，那么这些边地迟早会脱离中国。

果然，辛亥革命后不久，俄国就策动外蒙独立，活佛哲布尊丹巴称帝。袁世凯顶着内忧外患，通过舆论施压、军事威慑和拉锯谈判，智尽能索地达成了《中俄蒙协约》里的折中方案，即“俄国承认外蒙是中国领土的一部分，中国是外蒙的宗主国，哲布尊丹巴取消皇帝称号；中国则必须承认外蒙的‘自治’以及俄国在这一地区的各项特权”。

另一方面，日本利用孙、袁的矛盾渔利，企图分裂中国。武昌起义爆发后仅仅五天，日本参谋本部的少将宇都宫太郎就提出“表面上支持清廷，暗中则援助革命党，必要时出面调停，在中国造成两个政府之局面”的计划，只是随着袁世凯对全国的控制力逐步增强而作罢。

1912 年初，袁世凯就任中华民国临时大总统后一个星期，日本陆军省军务局长田中义一对内阁的优柔寡断愤愤不平，声称“错过了千载难逢之机”。而此时，以孙中山为首的南京临时政府已因财政困难屡次向日方借贷，出卖了苏杭甬铁路、汉冶萍公司以及轮船招商局部分或全部的股权、资产。幸亏袁世凯拒绝承认其合法性，否则日本将控制长江流域最重要的铁路、矿产与内河航行。

分裂既已失败，日本转而以革命党为筹码压制袁世凯，逼迫北洋政府接受其无理要求。宋教仁遇刺后（此案的幕后指使陈其美嫌疑最大，详见笔者在《中国误会了袁世凯》一书中的推理），孙中山坚信“日助我则我胜，日助袁则袁胜”，不惜代价地争取日本的支持。为了反袁，他甚至写信给日本首相大隈重信许以重利，如“中国可开放全国之市场以惠日本之工商，而日本不啻独占贸易上之利益”；如“今使日本无如英于印度设兵置守之劳与费，而得大市场于中国，利且倍之，所谓一跃而为世界之首雄者，此也。”

大隈重信当然不信孙中山的空头支票，但他对这枚送上门的棋子的运用可谓妙到毫巅，先是把孙中山暗通款曲的内容密告给中国驻日公使陆宗舆，让他转告袁世凯，同时起到示好和威胁的作用，再在 1915 年抛出“二十一条”时将袁一军，以革命党在从事颠覆活动恐吓之，以取缔革命党和透露其起事计划引诱之，迫使袁世凯不断做出让步，以至于孔祥熙在当年的一封信里感慨道：“孙逸仙博士的名字和声望较诸几个师对日本更重要。”

袁世凯用“拖”和“磨”的策略，粉碎了这个当年在朝鲜曾欲置他于死地的东邻的阴谋。诚如《剑桥中华民国史》所言，除了满洲租期的延长外，“二十一条”对日本的在华地位没有太大意义。

但却对袁世凯的心理造成了极大的影响。

孙中山将临时大总统的位置让给袁世凯前，特意颁行了《中华民国临时约法》，取代了原本由宋教仁起草的《中华民国临时政府组织大纲》，将总统制改为内阁制，扩大了总理的权力，缩小了总统的权限，可谓典型的因人制法。

问题是权力不是写在纸面上的，既然袁世凯对这道紧箍咒不满，那他必定千方百计、日拱一卒地将之化解。

然而一波未平一波又起。“一省六都督（陕西），百日三都督（江西）”的民元乱局结束后，各省开始肆无忌惮地截留税收，断绝中央财源，使得北京连公务员的工资都发不出来。山西的煤、江西的米，中央一概无法调动，袁世凯顿觉在民国当总统还不如在前清当个巡抚。

“和尚摸得，我摸不得？”的普遍心态中，“总统人人可做”的所谓“民权观念”深入人心，进而发展到“选举不可得，则举兵以争之”，以至于史家唐德刚感慨地说：“假共和不如真帝制。”

假共和徒有其表。作为亚洲第一个共和制国家，中华民国这台还在内测的机器被上上下下的予取予夺搞得几近瘫痪。

对袁世凯来说，更严重的事是自己人也不好用了。

一个白朗起义，北洋军三分之二的人马出动，械齐饷足，奖掖超常，用了近两年才平定。看过相关电文的蔡锷直接断言，说云南一个师足够打败北洋十个师。

同时，割据一方的北洋军头已形成各自的利益集团，动不动就跟北京叫板。

二次革命时，段芝贵率第二和第六师南征。六师师长李纯打下江西后被任命为江西都督，二师师长王占元则因驻守湖北接应，什么都没捞着。

论资历，王占元比李纯老；论年纪，也比他大十来岁。心中不满，可以想见。

问题是王占元的反应令人费解，他把气撒到顶头上司、接替黎元洪任湖北都督的段芝贵身上，整日给领导穿小鞋。

段芝贵也不是吃素的，收集了一堆黑材料，暗中参了王占元一本。

奈何王师长情治工作搞得比较扎实，破获了段芝贵的密电，看完后气鼓鼓地向袁世凯打电报辞职。

王占元的兵跟他十几年，你批一个“同意”试试？

袁世凯一面派人到湖北调和矛盾，一面升王占元为湖北军务帮办，以平其怒。

但疗效只持续了一时。

由于段芝贵频繁往来于北京和湖北，离鄂期间的工作由王占元署理。结果段芝贵痛苦地发现，每次回来王师长的态度都比之前更为骄横。

而且，王占元扩了权，第三师师长曹锟就必须得扩，毕竟人在清末当镇统时王只是个协统。于是，曹锟捞了个“长江上游警备司令”的头衔。

由此引发的连锁效应是，对两个重要岗位“上海镇守使”和“松江镇守使”也不得不有所表示。

有兵而无地盘的张勋不干了，给自己的“长江巡阅使”一职正名，制定了一个条例，把长江流域的各省一律划入其势力范围，并呈请公布实施。

袁世凯大惊，立即批示：“长江上游已另设员警备，该使不宜过劳”，并界定张勋的巡阅范围是从安庆（安徽）到上海……

有此经历，当顾维钧请来自己的导师哥伦比亚大学法学院院长、国际政治学权威古德诺时，袁世凯登时相见恨晚。

古德诺在《共和与君主论》中论证了帝制与共和，无高下之分，但看采用之国能否适应。他举例说：“相继摆脱殖民地、建立共和国的巴西、阿根廷等国，在画虎不成反类犬中次第走向寡头政治。若独裁者强势，亦可相安数十年，但待此强人老迈或去世，因无固定继承人，则往往群雄并起，全国大乱。”

古德诺以墨西哥总统迪亚斯为例。该寡头独裁了三十五年，一再连任，终于在衰病之年因没有设法定继承人而闹得诸侯割据，一国之内竟出现了五个总统。

事实上，德国、英国当时都是君主立宪制，中南海里坐着个君主，在民国初年反动是反动，但并不落后，毕竟紫禁城里还有个小皇帝在那骑自行车玩呢。

问题是民意呢？

李宗仁回忆说，自己在清末上陆军小学时，但觉朝野上下朝气蓬勃，可等到清帝逊位后，却朝气全失，唯见满目漆黑，一片混乱。

康有为替张勋起草的复辟通电虽说反动，也从一个侧面反映了民初乱象，道出了不少人的心声：

溯自武昌兵变，创改共和，纪纲颓坠，老成绝迹，暴民横恣，宵小把持，奖盗魁为伟人，祀死囚为烈士。议会倚乱民为后盾，阁员视私党为护符，以滥借外债为理财，以摧折耆旧为开通。或广布谣言，而号为舆论；或密行输款，而托为外交。无非恃卖国为谋国之工，借立法为舞法之具。

最后得出结论：名为民国，而不知有民；称为国民，而不知有国。

在梁启超笔下，民初的议会则幼稚到让人心碎：

法定人数之缺，日所有闻；休会逃席之举，成为故实。幸而开会，则村妪骂邻，顽童闹学。销此半日之光阴，相率鸟兽散而已。

持同样观感的还有梁漱溟的父亲梁济，他在《伏卵集》中记载了诸多令人心灰意冷的见闻。比如每逢召开国会，各党工作人员就会到前门火车站树起招牌，拉扯刚下车的议员去本党的招待所，“就像上海妓女在街头拉客”。

议员们前呼后拥，先住甲党的招待所，得到红包后承诺投该党的票；又住乙党的招待所，再得一份红包并答应投该党的票。直到拿完所有好处，最后却投了自己的票……

梁济在前清官职卑末（民政部主事），算不上遗老。他本人思想开明，并不敌视共和。但在观察了民国 7 年后，失望到连六十大寿都懒得过，在积水潭投水自尽。

与此同时，一帮把青岛当首阳山的前清旧臣也不甘寂寞，时不时跳出来刷下存在感。

发誓不当“贰臣”的前清东三省总督赵尔巽接受袁世凯的礼聘到清史馆当馆长，遗老梁鼎芬写信责备他说：“清朝未亡，你修个什么清史？”

梁鼎芬的逻辑是：北京城还有个小朝廷，里面还住着个小皇帝……

隆裕太后死后，梁鼎芬跑到西陵跪地号哭，如丧考妣。在前清当过山东巡抚的孙宝琦身穿西服前来，刚在灵前鞠了三躬，梁鼎芬便大骂其“洋鬼子”“不要脸”，一干遗老则拍手称快……

甘肃都督赵惟熙一直拒绝剪辫，还不准治下的民众剪。见遗老们玩得很 High，他也发电请求恢复谥法。

其实，民间私谥一直就没断过。对死去的旧臣，小朝廷也经常用发表上谕赐谥来表现一下情怀，比如陆润庠谥“文端”、梁鼎芬谥“文忠”，以至于人们在聊起曾国藩、左宗棠时，还是一口一个“曾文正”“左文襄”，看不到一丝新气象。

而地方官因为觉得民国的官当得不如前清威武，私下里也开始为封建残余招魂。桐城县县长用名片去见安徽都督倪嗣冲，结果被骂“目无长官”，轰了出去；琼崖道尹呈请恢复清朝仪仗，如传人令箭、八抬大轿，当即得到上司的批准。

面对种种乱象，在晚清一直被舆论视作改良派旗手的袁世凯终于下定决心加强集权。先救亡，后启蒙。

扑灭二次革命后，袁世凯将各省都督都换成了自己人，又拉拢梁启超，资助其组建“进步党”，制衡国会里的国民党。同时，对国民党党员分化瓦解，重金收买。最后，组织人马起草将总统任期延长至十年，且能连选连任的“袁记约法”，乃至冒天下之大不韪，公然解散国会。

这离坐上龙椅，只差一步之遥。

可惜袁世凯错误地判断了时势，以为称帝的土壤已然具备。

袁克定派人编写山寨版《顺天时报》是一方面，女仆给袁世凯端参汤时打碎了碗诈称看见床上卧着条龙是另一方面，包括“筹安会六君子”的摇唇鼓舌，以及四川督军陈宧来电说宜昌的溶洞里发现酷似“神龙”的化石——所有的谀辞和神迹都不如同英国驻华公使朱尔典的一次密谈。

一战正酣，英国担心袁世凯倒向德国，让朱尔典向袁大总统表达了对中国改行帝制“极为欢迎”的立场，只要不因此产生内乱。

与此同时，德皇威廉二世为了拉拢中国，也向赴德治病的袁克定暗示支持袁世凯称帝。

美国则强调只要改制出于民意而非武力，便不干涉。

在中国享有盛誉的国际政治学权威有贺长雄亦不止一次面劝袁世凯实行君主立宪。

袁世凯并不怀疑这些“国际友人”的诚意，因为一直以来他就在国际舞台上扮演着众望所归的角色。《纽约时报》曾说：“整个中国，能否产生另一位像袁世凯这样具有组织才能和个人影响的政治家，是大可怀疑的”;《泰晤士报》曾说：“袁世凯是中国未来唯一可以胜任领袖一职的人”；日本首相伊藤博文也说：“四亿中国人，无出袁世凯右者。”

更可喜的是，自己人表现得还无比踊跃。

湖南都督汤芗铭为了鼓吹帝制，专门招募一批文人，关在豪宅里搞封闭式写作。只要能写出工美的劝进书，名烟、好酒甚至妓女都不限量供应。

写好后，用蝇头小楷一丝不苟地誊抄在特制的表章上，文末署以

“臣汤芗铭谨奏”，再放进金丝楠木的小匣中，遣使专程递京。

陈宧也不甘人后，在全国各省代表投票表决国体时，安排人于会场每个代表的桌上放毛笔一支、墨水一盒、点心一盘，而在笔杆、墨盒和点心上，全部刻有“赞成帝制”四个字。

然而，就在护国运动爆发后，陈宧和汤芗铭相继倒戈，同段祺瑞的心腹、宣布陕西独立的陈树藩一道被称作袁世凯的催命“二陈汤”（中药名）。

何也？世易时移而攻守之势异也。

从晚清到民国，社会结构发生了翻天覆地的变化。去中心化和个人主义使原先的金字塔变成了迷宫，固守自上而下的思维方式必然无法适应权威解体的新常态。

袁世凯的一生，可以用崔健的一张专辑概括——《解决》。

解决朝鲜问题，解决练兵问题；解决改革问题，解决统一问题。在长期的应激反应中，袁世凯秉承实用理性，每每突破底线，却屡试不爽，以至于形成路径依赖，认为只要结果正确有效，可以不计手段。殊不知但凡以外在环境来确定自己目标的实用主义者，都依赖于周边信息的真实准确。比如，袁世凯在当山东巡抚时，经常派人下基层搞调研。当他要密查某事或某官时，总是先派一人下去，再派另一人去同一地点查同一目标。两个人都直接对他负责，彼此不知对方的存在。

若所查结果不同，就再派两人分头去查，以资对照。对查报属实的给予奖励，隐瞒谎报的施以严惩。

后来，袁世凯经常将此心得同下属分享：

> 做长官最要紧的是洞悉下情，只有这样，才能举措适当。如果受着下边的蒙蔽，那就成了瞎子，哪有不做错事的？

然而讽刺的是，恰恰在袁世凯生命垂危之际，追随了他三十年的贴身侍卫唐天喜（主动请缨上前线跟护国军死磕）耐不住白银十六万两的诱惑，率两个旅阵前倒戈，压垮了袁世凯的最后一根神经。

昔日知人善任，何以今日颟顸不明？皆因权力带来的错觉。

明代大学士李东阳曾说："老百姓的情况，郡县不够了解；郡县的情况，朝廷不够了解；朝廷的情况，皇帝不够了解。"在权力大小方面，皇帝固然睥睨天下，但在信息的垄断方面，官僚集团则拥有绝对的优势。他们像层层关卡，封锁、扭曲甚至加工信息，下面的情况难以上达天听，上面的政策无法落地生根。

所以君主会称孤道寡，所以袁克文要写诗规劝其父"莫上琼楼最高层"。

然而，筹安会的公开讨论和鼓吹已经在知识界与政界形成了一个复辟帝制的风潮，以至于冯国璋从南京北上见到袁世凯，当面问他是不是想做皇帝时，袁世凯说这是外界的谣传，自己从当临时大总统第一天起就不再认同帝制了。有人认为这是袁世凯在演戏，其实不然。冯国璋时任江苏都督，掌握着东南半壁江山，如果袁世凯真的要当皇帝，最明智的做法应该是跟自己的股肱之臣讲清楚，争取他的支持。暧昧的态度其实表明了迟至 1915 年的 6 月，袁世凯还在摇摆。

但络绎不绝的请愿书扰乱了他的判断，连后来的反袁先驱蔡锷、唐继尧也在请愿，袁世凯误以为举国上下盼他称帝若大旱之望云霓。策划出这么一台风起云涌的大戏，想当储君的袁克定居功至伟。

不过，当袁世凯要封他的亲家黎元洪为“武义亲王”时，遭到黎元洪的坚决拒绝；段祺瑞对袁世凯忠心耿耿，见其被蒙蔽视听，一意孤行，告病请假；老大哥徐世昌审时度势，回家编书去了；曾经的盟友梁启超则以一篇《异哉所谓国体问题者》的雄文与他划清界限——但这些信号都没能引起袁世凯的重视。

当一切准备妥当，袁世凯于 1915 年底宣布次年改元“洪宪”。然而令他意想不到的是，原本赞成重回帝制的蔡锷、唐继尧却跳出来反对，并起兵“护国”（国体）。政府军兵败如山倒，列强也见风使舵，自食其言，站到了洪宪王朝的对立面。袁世凯如梦初醒，不敢再帝制自为，寻求解决之道。

然而失道寡助、群情激愤之下，袁世凯到底是裸退当个百姓，还是继续收拾烂摊子，再徐徐而去？直到他去世，也没有找到解决方案。平心而论，如果选择前者，不用死撑，他也不会急火攻心，那么快便就撒手人寰，但势必引发一场更大规模的内战，造成诸侯割据的局面。毕竟“秦失其鹿，天下共逐之”是延绵了两千多年的连续剧，没人甘愿当配角。

在生命的终点，忆往昔峥嵘岁月，也许袁世凯最怀念的还是他当直隶总督兼北洋大臣的那段时光。百废待兴，革故鼎新，便是后来升任军机大臣，也体验不到如斯的快乐与充实。

1906 年，全国的立宪呼声一浪高过一浪，袁世凯的吁恳也得到了慈禧的准许，于是他在徐世昌的协助下大张旗鼓地于天津设立“直隶自治局”，率先开展地方自治的实验。

袁世凯认为这是通往民主政治的起点。民智不启，便通过在基层选举中激发政治热情，唤醒权利意识。

可惜，选民或因法律知识匮乏，或因多一事不如少一事的“人生信条”，对选举作壁上观。

袁世凯只好派人到日本学习选举办法，归来后深入乡间田野，挨家挨户地宣讲。同时，把自治之利编成白话，广而告之，以期家喻户晓。

通过费尽思量、唇焦舌敝的动员，总算用一年时间成立了天津县议会。可惜没过多久，袁世凯便奉调入京。见识了国民的冷漠和民主制度生根之难的他不得不沮丧地承认自治收效甚微。

然而这毕竟是中国历史上首次试行“普选”，投票率达 70%，实属难能可贵，影响不可小觑。就促进民主宪政思潮的传播而言，意义既深且巨。今之视昔，亦望尘莫及。

日暮酒醒人已远，满天风云下西楼。袁世凯的荣辱毁誉已随风而散，唯余千载白云，空空悠悠。但秦人不暇自哀而后人哀之，后人哀之而不鉴之，亦使后人复哀后人矣。

新文化运动的“闯将”刘半农

>>

说我的文章流利，难道就不是浮滑么？说我滑稽，难道就不是同徐狗子一样胡闹么？说我聪明，难道就不是说我没有功力么？说我驾驭得住语言文字，说我举重若轻，难道就不是说我没有学问，没有见解，而只能以笔墨取胜么？

同为新文化运动的领袖，刘半农不如陈独秀和胡适有名，但鲁迅曾这样比较刘半农与陈、胡二人的区别：“如果将韬略比作武器仓库的话，陈独秀的风格是库门大开，里面放着几支枪、几把刀，让别人看得清清楚楚，外面则竖一面大旗，旗上写着：‘内皆武器，来者小心！’胡适的做法，是库门紧关，门上贴一张小纸条，说‘内无武器，请勿疑虑！’这两位都是高人，一般人见了，望而生畏，不上前。可刘半农没有什么韬略，他没有武库，就赤条条一个人，冲锋陷阵，愣头愣脑。所以，陈胡二位，让人佩服，刘半农却让人感到亲近……”

刘半农在巴黎留学时，正值一战结束，欧洲经济萧条，货币贬值，留学生的日子难熬，刘半农将书房命名为“化子窝”，好友赵元任夫妇曾前往看望，临别时拍全家福留念，刘半农竟指挥众人，坐在地板上，伸出手来做乞讨状。

归国后，刘半农从事民间文学研究。他在报上刊出启事，广泛征求方言中各种骂人的话，赵元任和钱玄同见报后登门拜访，分别操中国各地方言，把刘大骂一顿，骂过后，彼此抚掌大笑不已。

刘半农爱好音乐，曾与赵元任合作，由刘作词，赵谱曲，创作出20 世纪 30 年代最为流行的歌曲《教我如何不想她》，词中的“她”，属中国文字的首创。

时人在品评刘半农这个“矮个子，方头颅，生气勃勃”的“老叟”时，送其一个“浅”字。

浅有二意，一为“胸无城府，浅如清溪”。出国留学前，昔日上海滩的文友在酒家宴送，席间对诗，满是卿卿我我的旧词藻。刘半农无法忍受，讽刺道“真是一群鸳鸯蝴蝶”，遂不欢而散。

还有一次，时任《世界日报》总编辑的成舍我向刘半农约稿，刘半农问，我写的都是骂人的话，你敢登吗？成舍我回道，只要你敢写我就敢登。刘半农便写了一篇《南无阿弥陀佛戴传贤》，直斥考试院院长戴传贤只念佛不做事。戴传贤看到后大为光火，又不敢拿刘半农出气，只好将《世界日报》停刊 3 天。

刘半农之“浅”，还在于其所学颇杂。他曾自言：“学问即爱好，爱好即学问。”其专业是实验语音学，但也从事语法研究、汉字改革；作为诗人，他著有《瓦釜集》和《扬鞭集》；作为散文家，又著有《半农杂文》；他还客串翻译，出版过《茶花女》《国外民歌译》及《法国短篇小说集》；同时，从事民间文学研究，搜集民谣，编纂《中国俗曲总目稿》；他甚至还是摄影家，参加中国最早的摄影社团“光社”，并写有专著《半农谈影》，被誉为中国现代摄影理论的开拓者和奠基人。

刘半农的文章，语言幽默率真。比如他替顾颉刚的《吴歌甲集》写序道：“前年颉刚做出孟姜女考证来，我就羡慕得眼睛里喷火。”去信给他，说：“中国民俗学上的第一把交椅，给你抢去坐稳了。”

而在《半农杂文》的自序中，他对自己文集的价值和特点则非常谦虚：“说我的文章流利，难道就不是浮滑么？说我滑稽，难道就不是同徐狗子一样胡闹么？说我聪明，难道就不是说我没有功力么？说我驾驭得住语言文字，说我举重若轻，难道就不是说我没有学问，没有见解，而只能以笔墨取胜么？这样一想，我立时感觉到我自己的空虚。这是老老实实的话，并不是客气话。”

刘半农治学半生，最“出格”的举动有两件，一是和钱玄同演双簧打笔仗，一是采访名妓赛金花。

1918 年 1 月，刘半农在《新青年》上发表《应用文之教授》一文时，将以前香艳媚俗的笔名“半侬”改为“半农”，开始了他作为新文化运动“闯将”的生涯。他冲锋陷阵，写了许多文章，其中影响较大的有《我之文学改良观》。刘半农觉得仅在《新青年》上写写文章还不过瘾，他希望同守旧派来一次彻底的决裂，迎头痛击。

在上海时，刘半农曾在开明剧社做过编剧，所以他想到了双簧戏。刘半农把自己的想法告诉好友钱玄同，提议两人合演一出双簧戏，一个扮演顽固的复古分子，一个扮演新文化的革命者，以记者身份对他逐一驳斥，用唱双簧的形式把正反两个阵营的观点都亮出来，引起全社会的关注。一开始，钱玄同觉得主意虽不错，但手法有些不入流，不愿参加。刘半农坚持说，非常时期只有采取非常手段才能达到目的。经他反复动员，最后钱玄同终于答应。

1918 年 3 月 15 日，《新青年》杂志第四卷发表了一篇写给杂志编辑部的公开信《给编者的一封信》，署名“王敬轩”。信为文言写就，4000 多字，不用新式标点，以一个封建文化卫道者的形象，列数《新青年》的所有罪状，极尽谩骂之能事。而就在同一期上，发表了另一篇署名为本社记者半农的与之针锋相对的文章《复王敬轩书》，洋洋万余言，对王敬轩的观点逐一批驳。由于旗帜鲜明，双簧戏在文坛引发了强烈反响，不仅真的招来了“王敬轩”那样的卫道士如林琴南等人的发难，也赢得了青年学子和进步人士的喝彩。

这一正一反两篇文章的出现，“旧式文人的丑算是出尽，新派则获得压倒性的辉煌胜利”（鲁迅语）。一些原来还在犹豫的人都开始倾向新文化了。

另一件出格的事是采访名妓赛金花。其时，刘半农身为北大名教授，前去采访一个名声不佳的妓女，被市井传得沸沸扬扬，但他却不为所动。通过多次采访，刘半农拂去了蒙在赛金花身上的历史迷雾。

1932 年，刘半农对弟子商鸿逵说：“听说有人要给赛金花写法文的传，我们先给她写个国文的吧！你有没有兴趣？这个人在晚清史上同叶赫那拉可谓一朝一野相对立了！”商鸿逵满心欢喜。

于是，刘半农找到京城的古琴高手郑颖孙，请他出面约请赛金花。郑爽快地答应了。经过商量，赛金花同意每周抽出两个半天的时间在郑颖孙家接受刘半农和商鸿逵的采访。由于赛金花有睡懒觉的习惯，刘半农便把访谈都定在下午，汽车接送，每晚备有晚餐。谈了八、九次，采访总算完成。

1934 年 6 月，为了调查蒙古牧区的民俗，刘半农远足塞外，夜宿百灵庙的一间乡村草房。其他人都睡在土炕上，只有他自备一张行军床，于房中支架独卧，故作僵硬状，开玩笑说：“我这是停柩中堂啊！”听者为之大笑，却不料一语成谶。考察途中，刘半农被虱子叮咬，染上了回归热，返京后因为耽误治疗，于当年 7 月离世。赛金花一袭黑纱前往吊唁，并送上一幅挽联：“君是帝旁星宿，下扫浊世秕糠，又腾身骑龙云汉。侬乃江上琵琶，还惹后人挥泪，谨拜手司马文章”。

当时，赛金花的传记尚未着手写作，年轻的商鸿逵不知如何处理这样一部重要的传记，并欠下书商“星云堂”500 元的预付款。由于学界思想保守，为一个妓女作传，有辱斯文，商鸿逵只好请示胡适。胡适让他实话实说。于是，商鸿逵按照刘半农生前定下的提纲，写出了《赛金花本事》，于 1934 年 11 月出版。当时，书只卖出两千本，但谁也没有想到，之后的半个多世纪里，《赛金花本事》一版再版，风靡海内外。

在吊唁的挽联中，以刘半农生前挚交赵元任所撰最为贴切。多年来，刘赵二人一个作词，一个谱曲，珠联璧合，而今，斯人已逝，赵元任伤感地写道：

“十载奏双簧，无词今后难成曲；数人弱一人，教我如何不想他。”

人们每天置身于现实之中，
却很难触摸到它的本质。

中央公园 Photo by 吕峥

当你完全是你自己，而不是为了成为某个特定的角色时，

你所做的一切才是最有效率，最为持久的。

安曼老城 Photo by 吕峥